퀴리 부인이 들려주는 방사능 이야기

퀴리 부인이 들려주는 방사능 이야기

ⓒ 정완상, 2010

초　판　1쇄 발행일 | 2005년 5월 30일
개정판　1쇄 발행일 | 2010년 9월 1일
개정판 16쇄 발행일 | 2021년 5월 28일

지은이 | 정완상
펴낸이 | 정은영
펴낸곳 | (주)자음과모음

출판등록 | 2001년 11월 28일 제2001-000259호
주　　　소 | 04047 서울시 마포구 양화로6길 49
전　　　화 | 편집부 (02)324-2347, 경영지원부 (02)325-6047
팩　　　스 | 편집부 (02)324-2348, 경영지원부 (02)2648-1311
e-mail　 | jamoteen@jamobook.com

ISBN 978-89-544-2017-4 (44400)

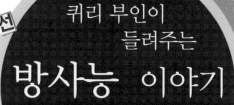

α 알파 방사선
β 베타 방사선
α 감마 방사선

퀴리 부인이
들려주는

방사능 이야기

| 정완상 지음 |

㈜자음과모음

퀴리 부인을 꿈꾸는 청소년을 위한
'방사능' 이야기

퀴리 부인은 노벨 물리학상과 노벨 화학상을 탄 20세기 최고의 여성 물리학자입니다. 방사능은 무시무시한 단어이지만 이 책을 통해 청소년들은 왜 방사능이 나오는지 그 원리를 배울 수 있습니다. 이 책은 청소년들이 방사선에 대한 모든 것을 알 수 있게 해 주는 책입니다.

퀴리 부인은 청소년들이 좋아하는 여성 과학자입니다. 퀴리 부인과의 9일간 수업을 통해 학생들은 방사선의 원리를 재미있게 배울 수 있습니다.

저는 한국과학기술원(KAIST)에서 이론물리학으로 박사 학위를 받았습니다. 그동안 공부한 내용을 토대로 학생들을 위해 우선 쉽고 재미난 강의 형식을 도입했습니다. 저는 위대한 물리학자들이 교실에 학생들을 앉혀 놓은 뒤 일상 속 실험을 통해 그 원리를 하나하나 설명해 가는 방식으로 그들의 위대한 물리 이론을 이해할 수 있도록 서술했습니다.

원자핵에 양성자와 중성자가 사는 모습을 호텔 객실에 비유하여 방사선이 나오는 과정을 재미있게 비유하여 설명하였습니다. 또한 긴 나무판에 당구공이 지나갈 수 있을 정도의 폭으로 일정 길이로 못을 박은 다음 아주 작은 구슬들만 통과할 수 있을 정도로 촘촘히 못을 박아 당구공과 농구공을 굴려 보는 실험을 통해 알파, 베타, 감마 방사선의 투과력의 차이를 설명하였습니다.

이 책은 초등 물리 영재에게 추천할 만한 책입니다. 책의 마지막 부분에 실린 창작 동화, '방사선으로부터 지구를 지켜라'를 통해, 재미있게 방사선에 대해 총정리해 볼 수 있었으면 합니다.

정 완 상

차례

눈에 **보이지 않는 빛**

눈에 보이는 빛을 가시광선이라고 합니다.
우리 눈에 보이지 않는 빛에 대해 알아봅시다.

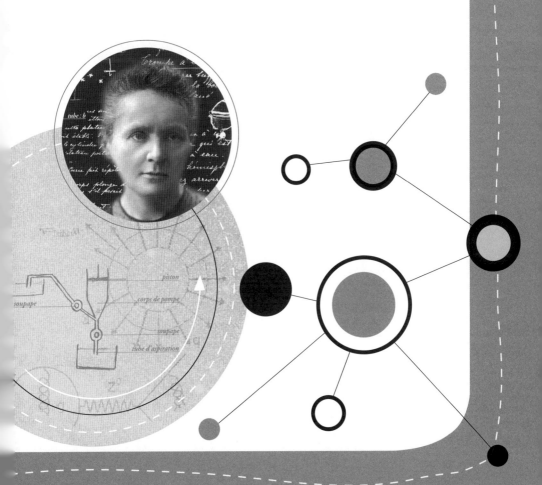

1

첫 번째 수업

눈에 보이지 않는 빛

퀴리 부인이 TV 앞에서
첫 번째 수업을 시작했다.

빛에는 빨강, 노랑, 파랑처럼 눈에 보이는 빛도 있고, 우리
눈으로 볼 수 없는 빛도 있습니다.

퀴리 부인은 리모컨으로 TV를 켰다.

리모컨 스위치를 누르면 왜 TV가 켜질까요? 그것은 리모컨에서 눈에 보이지 않는 빛이 나오기 때문입니다. 그리고 TV에는 이 빛을 받으면 작동되는 센서가 있지요. 그래서 센서가 이 눈에 보이지 않는 빛을 받아 TV의 전원을 자동으로 켜지게 하는 것이죠.

퀴리 부인은 TV를 끄고 리모컨과 TV의 센서 사이에 두꺼운 책을 놓아둔 다음 다시 리모컨 스위치를 눌렀다. 이번에는 TV가 켜지지 않았다.

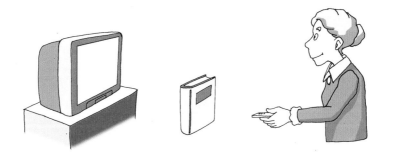

TV가 켜지지 않았지요? 이것은 리모컨에서 나온 눈에 보이지 않는 빛이 두꺼운 책을 뚫고 지나가지 못하고 모두 반사되었기 때문이지요. 즉, 이 빛이 TV의 센서에 도착하지 못했기 때문에 TV가 켜지지 않은 것입니다. 이 눈에 보이지 않는 빛은 적외선입니다.

그렇다면 눈에 보이지 않는 빛에는 어떤 것이 있는지 알아봅시다.

빛은 파동입니다. 파동에 대해 조금만 알아봅시다.

퀴리 부인은 벽에 줄을 매달고 한쪽 끝을 천천히 흔들었다.

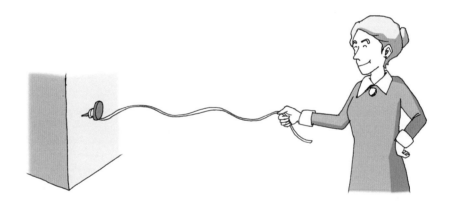

줄이 흔들리는 모습이 파도의 모습과 비슷하군요. 이것이 바로 파동입니다. 줄의 각 지점이 오르락내리락하지요? 이것을 진동이라고 하는데, 이런 진동이 옆으로 퍼져 나가는 현상이 파동이지요.

파동의 가장 높은 지점을 마루, 가장 낮은 지점을 골이라고 합니다. 그리고 마루와 마루 사이의 거리를 파장이라고

하지요.

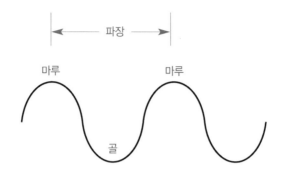

퀴리 부인은 줄을 더 세게 흔들었다.

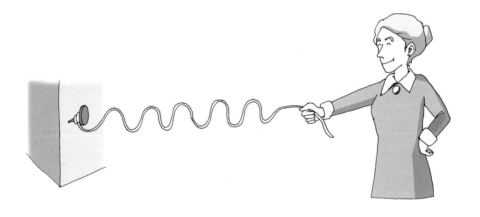

파장이 더 짧아졌지요? 세게 흔들었다는 것은 더 큰 에너지로 파동을 만들었다는 것을 말합니다. 그러니까 파장이 짧을수록 에너지가 크다는 것을 알 수 있습니다.

빛의 파장

빛은 파동이라고 했습니다. 그럼 파장이 긴 빛도 있고 파장이 짧은 빛도 있을 것입니다. 이제 빛이 파장에 따라 어떤 모습을 가지는지 알아봅시다.

빛은 색깔에 따라 파장이 다릅니다. 예를 들어, 빨간빛은 파장이 750nm(나노미터) 정도이고, 주황―노랑―초록―파랑―남색으로 갈수록 파장이 짧아지다가, 보라가 되면 파장이 380nm 정도가 되어 가장 짧아집니다.

여기서 nm는 아주 작은 길이를 나타내는 단위로 다음과 같습니다.

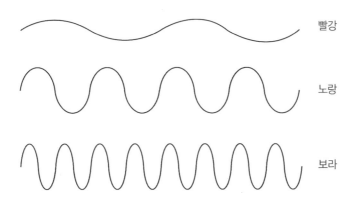

빨강

노랑

보라

$$1\text{nm} = \frac{1}{1,000,000}\ \text{mm}$$

그러므로 380nm에서 770nm까지의 빛은 우리 눈으로 볼 수 있어 색깔이 구분되는데, 이런 빛을 가시광선이라고 합니다. 하지만 파장이 380nm보다 짧거나 770nm보다 긴 빛은 우리 눈으로 볼 수 없습니다.

빨간빛보다 파장이 길어 눈에 보이지 않는 빛을 적외선이라고 합니다. 적외선은 눈에는 보이지 않지만 느낄 수 있는 빛입니다.

퀴리 부인은 학생들을 어두컴컴한 지하실로 데리고 갔다. 그리고 난로에 불을 붙였다.

아직 불길이 타오르지 않아 아무것도 보이지 않습니다. 하지만 우리는 약간의 온기를 느낄 수 있지요? 이것은 우리 눈에 보이지 않는 빛인 적외선이 우리 몸에 부딪히고 있기 때문입니다.

적외선보다 파장이 더 긴 빛을 마이크로파라고 합니다.

퀴리 부인은 전자레인지 안에 '즉석밥'을 넣고 시간을 2분에 맞춘 후 스위치를 켰다. 잠시 후 먹음직스러운 밥이 만들어졌다.

어떻게 2분 만에 맛있는 밥으로 변했을까요? 그것은 전자레인지 속에서 눈에 보이지 않는 빛인 마이크로파가 나오기 때문입니다. 이 빛이 즉석밥 속의 수분들과 부딪치면 수분들이 에너지를 얻어 움직이지요? 이때 만들어지는 열로 즉석밥이 데워져 따뜻한 밥이 되는 것입니다.

마이크로파는 파장이 ㎛(마이크로미터) 정도인 빛을 말합니다. ㎛는 다음과 같이 정의됩니다.

$$1\,\mu m = \frac{1}{1,000}\,mm$$

마이크로파보다 파장이 길어진 빛은 라디오파 또는 TV파라고 부르는데 역시 우리 눈에 보이지 않습니다. 우리가 집에서 라디오를 듣거나 TV를 볼 수 있는 것은 방송국에서 발사된 라디오파나 TV파를 안테나가 수신하기 때문이지요.

이번에는 파장이 너무 짧아 우리 눈에 보이지 않는 빛에 대해 알아보겠습니다. 보랏빛보다 파장이 짧아 눈에 보이지 않는 빛을 자외선이라고 합니다. 자외선은 너무 많이 쬐면 우리

몸의 어두운 부분을 태워 화상을 입거나 기미·주근깨를 만들고, 심하면 피부암을 일으킬 수도 있습니다.

자외선보다 파장이 짧은 빛은 X선입니다. X선은 투과성이 강해 우리 몸속을 들여다볼 수 있지요. X선보다 파장이 짧은 빛은 감마선입니다. 이 빛도 투과력이 강합니다. 감마선은 태양에서 오는 빛에 들어 있지만 지구의 대기가 반사시키기 때문에 우리 주위에서는 느낄 수 없는 빛이지요.

이게 바로 첨단 도난 방지 장치야. 이쪽 장치는 눈에 보이지 않는 빛을 내보내고, 저쪽 장치는 센서로 빛을 감지하지. 그런데 내가 중간에서 빛을 막으면….

막으면?

이쪽 장치의 빛이 저쪽의 센서에 도착하지 못해서 이렇게 경보음이 울리게 돼. 즉, 이 사이를 어떤 물체가 지나가게 되면 빛이 차단되면서 경보가 울려 도난을 방지할 수 있지.

와~, 신기하다.

이렇게 눈에 보이지 않는 빛이 적외선이야. 그런데 넌 적외선을 포함한 빛이 파동이란 건 알고 있니?

파동? 그게 뭔데?

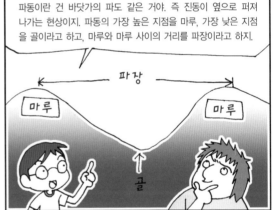

파동이란 건 바닷가의 파도 같은 거야. 즉 진동이 옆으로 퍼져 나가는 현상이지. 파동의 가장 높은 지점을 마루, 가장 낮은 지점을 골이라고 하고, 마루와 마루 사이의 거리를 파장이라고 하지.

파장

마루

마루

골

빛에는 파장이 긴 것도 있고, 짧은 것도 있어. 우리 눈에 보이는 빛은 파장이 380~770nm 사이의 빛으로, 이런 빛을 가시광선이라고 해.

그럼, 적외선의 파장은?

가시광선

적외선은 마이크로파, 라디오파와 같이 가시광선보다 파장이 길어서 눈에 보이지 않아. 가시광선보다 파장이 짧은 자외선도 우리 눈으로 볼 수 없어.

흠, 너 참 똑똑하구나. 그런데 지난번 내 생일 선물은 왜 깜박한 거니?

형광등의 원리

형광등은 왜 전선이 없이도 불이 켜질까요?
형광등과 네온사인의 원리에 대해 알아봅시다.

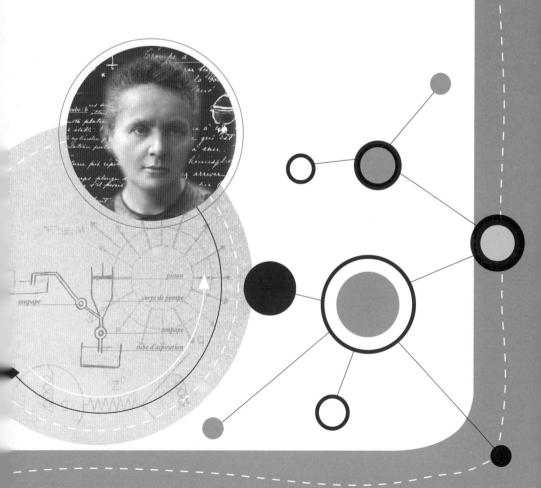

형광등의 원리

퀴리 부인이
방전관의 원리를 알아보자며
두 번째 수업을 시작했다.

오늘은 방전관의 원리에 대해 알아보겠습니다.

퀴리 부인은 유리관을 가지고 왔다. 유리관의 양끝에는 전선이 달려 있는 2개의 금속판이 있었고, 전선은 아주 커다란 전지와 연결되어 있으며 그 사이에 스위치가 있었다.

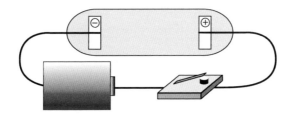

이제 스위치를 닫아 보겠습니다. 어떤 일이 벌어질까요?

퀴리 부인이 스위치를 닫자마자 전지의 (−)극과 연결된 금속판에서 (+)극과 연결된 금속판을 향해 나아가는 옅은 연두색의 빔이 보였다. 학생들은 신기한 듯 유리관을 들여다보았다.

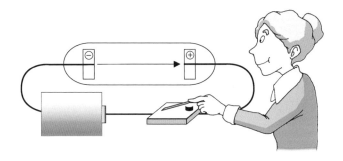

지금 보고 있는 연두색 빔은 높은 전압 때문에 (−)극에서 튀어나온 전자들의 흐름입니다. 이제 방전관에서 나오는 빛의 색깔을 변화시켜 보겠습니다.

퀴리 부인은 네온 기체를 방전관 속에 넣고 스위치를 켰다. 방전관이 붉은빛을 내었다.

방전관 속에 어떤 기체를 넣느냐에 따라 방전관이 내는 빛이 달라지지요. 이렇게 기체를 넣어 여러 가지 색깔을 나타내는 방전관을 네온사인이라고 합니다. 예를 들어, 관에 네온 기체를 넣으면 붉은빛을 내지만, 아르곤 기체를 넣으면 자주색을 띱니다.

이렇게 빛을 내는 이유는 (−)극에서 나온 전자들이 방전관안의 네온 기체들과 충돌하기 때문입니다. 네온 기체도 원자로 이루어져 있으므로 네온 기체 속에도 전자들이 돌고 있습니다. 이 전자들이 (−)극에서 나온 전자들과 충돌하면 네온기체 속의 전자들은 에너지를 얻게 됩니다.

에너지를 얻은 전자들은 네온 원자핵에서 멀어지게 되지만다시 움직이면서 에너지를 잃어버려 원래의 위치로 돌아오

게 됩니다. 그때 네온 기체는 빛을 방출하는데, 그 빛이 붉은
빛이지요.

형광등의 원리

이번에는 형광등의 원리에 대해 알아보겠습니다. 형광등은
방전관 속에 수은 기체를 넣어서 만들지요.

퀴리 부인은 방전관에 수은 기체를 넣고 스위치를 켰다. 하지만 방
전관에서는 아무 빛도 나오지 않았다. 학생들은 실망한 표정이었다.

이번에는 왜 빛이 나오지 않았을까요? 이때도 (−)극에서
나온 전자들이 방전관 속의 수은 기체와 충돌하여 수은 기체

가 빛을 냅니다. 하지만 그 빛은 우리 눈에 보이지 않는 자외선입니다. 그럼 어떻게 형광등은 우리에게 밝은 흰빛을 만들어 줄까요?

퀴리 부인은 학생들을 지하실로 데리고 갔다. 그리고 한쪽 벽에 황화아연으로 만든 형광 물질을 바르고 자외선 램프로 그 부분을 쪼였다. 그러자 그 부분에서 흰빛이 나기 시작했다.

자외선은 우리 눈에 보이지 않지만 지금처럼 황화아연 같은 물질에 쪼이면 흰빛이 나오지요? 이렇게 눈에 보이지 않는 빛을 받아 눈에 보이는 빛을 내는 현상을 형광이라고 하고, 그런 물질을 형광 물질이라고 합니다. 그러니까 황화아연은 대표적인 형광 물질이지요.

퀴리 부인은 자외선 램프를 껐다. 그러자 다시 어두워졌다.

형광 물질은 스스로는 빛을 만들어 내지 못하지요. 자, 그
럼 이제 형광등을 만들어 봅시다.

퀴리 부인은 수은을 넣은 방전관 표면에 황화아연을 발랐다. 그리
고 스위치를 켜자 방전관이 흰빛을 냈다.

황화아연 처리

형광등이 만들어졌군요. 그러니까 형광등은 (−)극에서 나
온 전자들이 수은과 부딪쳐 자외선을 만들어 내고 그 자외선
이 형광등에 칠해 놓은 형광 물질과 충돌하여 가시광선을 내
는 장치입니다.

어떡해! 형광등이 깨져 버렸잖아. 선생님한테 혼날 텐데….

후후, 걱정하지 마! 내게 생각이 있어.

선생님! 형광등 원리가 궁금해서 안을 봤는데 역시 잘 모르겠어요.

어머, 그래요?

5-2

형광등은 방전관 속에 수은 기체를 넣어서 만드는 거예요. 방전관에 전류를 흘려 주면 (−)극에서 나온 전자들이 방전관 속의 수은 기체와 충돌하여 수은 기체가 빛을 내는 원리지요.

그런데 수은 기체와 전자들이 충돌해 나오는 빛은 우리 눈에 보이지 않는 자외선입니다.

쿵
쿵

눈에 보이지 않는 자외선이요? 형광등에서는 흰빛이 나오지 않나요?

그건 방전관 유리에 황화아연과 같은 형광 물질이 발라져 있어서예요. 자외선을 황화아연 같은 물질에 쬐면 흰빛이 나오는데, 이렇게 눈에 보이지 않는 빛을 받아 눈에 보이는 빛으로 내는 현상을 형광이라고 합니다. 황화아연은 대표적인 형광 물질이지요.

아하!

잘 알았어요. 선생님, 고맙습니다!

뭐지? 왜 속은 느낌이 들까?

5-2

3

X선은 무엇일까요?

X선은 어떻게 만들 수 있을까요?
X선의 원리에 대해 알아봅시다.

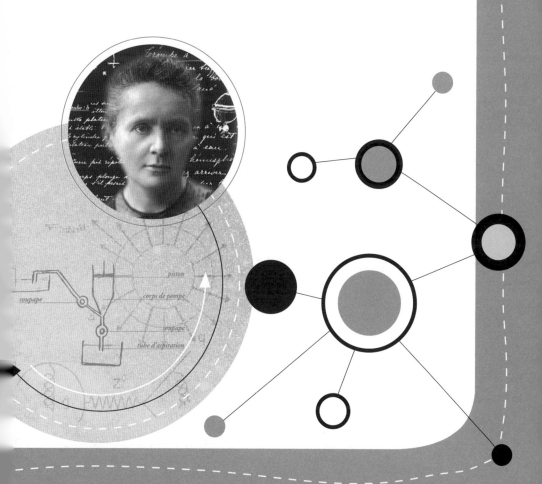

3

X선은 무엇일까요?

교. 고등 물리 II   3. 원자와 원자핵
과.
연.
계.

퀴리 부인의 세 번째 수업은 암실에서 시작되었다.

퀴리 부인은 유리창을 바라보며 생각에 잠겨 있었다. 아이들은 퀴리 부인을 물끄러미 바라보고 있었다. 잠시 후 퀴리 부인이 수업을 시작했다.

퀴리 부인은 학생들을 암실로 데리고 갔다. 그리고 방전관에 스위치를 올렸다. 어둠 속에서 희미한 빔이 보였다. 하지만 지난 시간에 배운 내용이라 학생들은 그리 신기해하지 않는 표정이었다.

방전관에 검은 천을 덮으면 어떻게 될까요?

퀴리 부인은 방전관을 검은 천으로 덮었다. 암실이 깜깜해졌다.

방전관에서 나온 빛이 검은 천을 빠져나오지 못했군요. 이
것이 바로 가시광선의 특징입니다. 가시광선은 물체를 투과
하지 못하지요. 자, 이제 마술을 보여 주겠어요.

퀴리 부인은 방전관의 한쪽 유리 부분을 잘라 내고 대신 그 부분에
알루미늄 막을 입혔다. 방전관을 검은 천으로 덮고 스위치를 올렸
다. 여전히 방은 깜깜했다.

뭔가 달라진 것이 있나요? 아무것도 달라진 것이 없어 보
이죠? 하지만 지금 방전관에서는 알루미늄 막을 통해 눈에
보이지 않는 빛이 나오고 있습니다. 과연 그런지 확인해 봅
시다.

퀴리 부인은 알루미늄 막과 나란한 방향으로 형광 스크린을 놓았다.

이 스크린은 빛을 받으면 반짝거립니다. 형광 물질로 만들
었기 때문이지요. 물론 이때 빛은 눈에 보이는 빛일 수도 있
고 보이지 않는 빛일 수도 있습니다.

퀴리 부인은 방전관을 검은 천으로 덮고 다시 스위치를 올렸다. 형
광 스크린이 반짝거리면서 빛을 내기 시작했다. 학생들은 모두 놀
란 눈으로 스크린을 바라보았다.

마술처럼 보이죠? 하지만 마술은 아니랍니다. 이것은 방전
관에서 눈에 보이지 않는 어떤 빔이 검은 천을 뚫고 나와 스
크린에 부딪쳐 형광 물질이 빛을 내게 하는 것이지요.

이것은 방전관의 (−)극에서 나온 전자들이 알루미늄 막과
충돌함으로써 만들어지는 빛으로 X선이라고 합니다. X선은
보통의 빛이 가지지 않은 능력을 갖고 있지요.

퀴리 부인은 X선이 나오는 곳과 스크린 사이에 두꺼운 책을 놓았다. 그리고 스위치를 올렸다. 다시 스크린이 반짝거렸다.

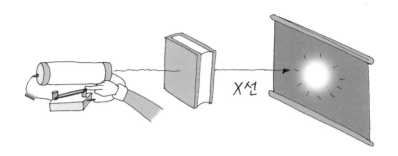

스크린이 반짝거렸다는 것은 방전관에서 나온 X선이 책을 뚫고 지나갔다는 것을 말합니다. 이렇게 보통의 가시광선이 뚫고 지나갈 수 없는 장애물을 뚫고 지나가는 능력을 방사능이라고 하고, 이 능력을 가진 빔을 방사선이라고 하지요. 그러니까 X선은 방사선입니다.

그렇다면 X선은 이 세상의 모든 물질을 뚫고 지나갈 수 있을까요?

퀴리 부인은 책 대신 그 자리에 철판을 놓았다. 그리고 방전관의 스위치를 올렸다. 이번에는 스크린이 반짝거리지 않았다.

X선이 철판을 뚫고 지나가지 못했군요. 그러니까 방사선이

라고 해서 모든 물질을 뚫고 지나가는 것은 아닙니다. 철판이 책보다는 훨씬 단단한 물질이기 때문에 X선이 뚫지 못한 것이지요.

하지만 X선은 가시광선이 뚫지 못하는 물체를 뚫고 지나가는 방사능을 가지고 있으므로 방사선입니다. X선은 방전관을 이용하여 인공적으로 만든 방사선이므로, 이 방사선을 인공 방사선이라고 합니다.

퀴리 부인은 학생들을 데리고 공항으로 갔다. 공항 검색대의 모니터를 통해 가방 속에 있는 물건들의 모습을 볼 수 있었다.

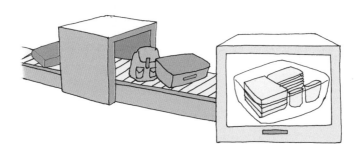

이것도 X선을 이용한 장치이지요. 보통의 빛이 가방을 뚫고 들어가지 못하지만, X선은 가방을 뚫고 들어가 가방 속 물건에 반사된 다음 모니터를 통해 우리에게 보여지지요.

퀴리 부인은 학생들을 데리고 병원으로 갔다. 그리고 준세의 손을
X선으로 촬영했다. 잠시 후 필름에 준세의 손뼈가 나타났다. 학생
들은 모두 놀란 표정이었다.

X선이 준세의 뼈는 뚫고 지나가지 못하고 살은 뚫고 지나
가기 때문에 준세의 뼈 사진이 나타난 것이지요.

과학자의 비밀노트

뢴트겐, 음극선관을 연구하다 X-선을 발견하다

독일의 뢴트겐(Wilhelm Röntgen, 1845~1923)은 음극선관을 이용하여 실험하고 있던 과학자들 중의 한 사람이었다. 독일 뷔르츠부르크 대학의 교수였던 뢴트겐은 1894년부터 음극선의 성질을 알아보기 위해 음극선을 금속판에 쏘는 실험을 시작하다가 음극선관에서 종이도 뚫고 지나가는 강한 빛이 나온다는 것을 알게 되었다. 1895년 12월 22일에 뢴트겐은 부인을 실험실로 불러서 음극선관에서 나오는 눈에 보이지 않는 이 빛으로 부인의 손 사진을 찍어보았다. 그랬더니 손 안에 있는 뼈는 물론이고 손가락에 끼고 있던 반지도 선명하게 나타난 사진이 찍혔다. X선을 발견한 것이다. X선은 발견한 사람의 이름을 따서 뢴트겐선이라고도 부른다. X선의 발견 소식은 전 유럽에 빠르게 퍼져 나갔다. X선의 발견으로 많은 과학자들이 음극선관과 음극선에 더 많은 관심을 가지게 되었다.

만화로 본문 읽기

알프레도! 이 마술 망토 싸게 팔 테니 살래?

마술 망토?

탁

응, 이 망토는 마법 물질로 만들어져 주위가 깜깜해져도 망토만은 밝게 빛이 나지.

우아, 신기하다!

천뿐만 아니라 상자로 방전관을 덮어 두어도 빛이 나.

진짜네.

그건 마술 망토이기 때문이 아니라 방전관에서 눈에 보이지 않는 어떤 빔이 상자를 뚫고 나와 망토에 부딪혀 망토에 묻은 형광 물질이 빛을 내게 하기 때문이에요.

앗, 선생님!

방전관 한쪽에 유리 대신 알루미늄 막을 입히면 (−)극에서 나온 전자들이 알루미늄 막과 충돌하면서 빛을 만드는데, 이 빛을 X선이라고 합니다. X선은 보통의 가시광선이 뚫고 지나갈 수 없는 장애물을 뚫고 지나가는 능력을 가지고 있는데, 이런 능력을 방사능이라고 해요. 그리고 방사능을 가진 빔을 방사선이라고 하는데, X선은 방사선의 한 종류랍니다.

토미, 선생님의 실험 기구로 장난치면 못 써요.

뭐야, 진짜 살 뻔했잖아.

네….

탁

4

천연 방사성
물질이 있을까요?

스스로 방사선을 방출하는 물질이 있을까요?
천연 방사성 원소에 대해 알아봅시다.

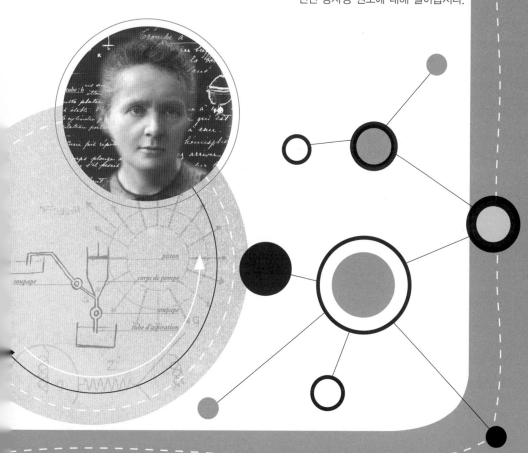

4

네 번째 수업

천연 방사성
물질이 있을까요?

퀴리 부인이
광물 하나를 들고 와서
네 번째 수업을 시작했다.

퀴리 부인은 방사선이 어떤 것인지 다시 한 번 강조하면서 수업을
시작했다.

X선은 인공적인 장치에 의해 만들어진 인공적인 방사선입
니다. 하지만 어떤 물질은 스스로 방사선을 내는 물질이 있
습니다.

퀴리 부인은 들고 온 광물을 필름 위에 놓았다. 잠시 후 퀴리 부인
은 광물을 치우고 난 후 필름을 학생들에게 보여 주었다.

필름이 뿌옇게 흐려졌지요? 이 광물에서 필름을 뿌옇게 변하게 하는 빔이 나오고 있다는 얘기지요. 이 광물 속에는 우라늄이라는 물질이 들어 있습니다. 우라늄은 방사능을 가지고 있지요. 그럼 우라늄에서 나오는 방사선도 X선처럼 종이를 뚫고 지나갈 수 있을까요?

퀴리 부인은 우라늄이 들어 있는 광물과 새 필름 사이에 종이를 놓았다. 잠시 후 광물과 종이를 치웠을 때 필름은 여전히 뿌옇게 흐려져 있었다.

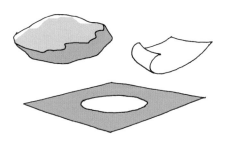

우라늄에서 나온 방사선이 종이를 뚫고 필름을 뿌옇게 변하게 했군요. 그러므로 이 방사선도 종이를 뚫을 수 있는 능력이 있습니다.

퀴리 부인은 광물과 새 필름 사이에 동전을 놓았다. 잠시 후 광물과 동전을 치웠을 때 필름은 동전이 있던 곳을 제외하고 뿌옇게 흐려졌다.

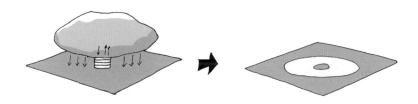

　동전이 있는 곳은 변하지 않았지요? 이것은 우라늄에서 나온 방사선이 동전은 뚫지 못했다는 것을 의미합니다.

라듐 이야기

　우라늄 말고 방사선을 내는 또 다른 물질은 없을까요? 이번에는 내가 발견한 방사성 원소 라듐에 대한 얘기를 하겠어요.

　퀴리 부인은 '피치블렌드'라고 하는 광물과 필름 사이에 두꺼운 책을 놓았다. 잠시 후 퀴리 부인은 필름을 학생들에게 보여 주었다. 필름이 뿌옇게 흐려져 있었다.

　피치블렌드 속에는 방사선을 내는 우라늄이 들어 있습니다. 하지만 우라늄에서 나오는 방사선은 두꺼운 책을 뚫지 못합니다. 그런데 왜 필름이 뿌옇게 흐려졌을까요? 그것은 우라늄보다 방사능이 훨씬 강한 물질이 이 광물 속에 들어 있기 때문입니다. 이 방사성 물질은 라듐이라고 하는 금속입니다.

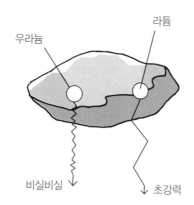

우라늄
라듐
비실비실
초강력

라듐에서 나오는 방사능의 세기는 우라늄에서 나오는 방사능의 세기보다 훨씬 강합니다.

어떻게 방사능의 세기를 구분할 수 있을까요?

퀴리 부인은 종이 20장을 2군데에 쌓은 다음 한쪽에는 오렌지 주스를 뿌리고, 다른 한쪽에는 끈적끈적한 요구르트를 흘렸다. 그러자 주스를 뿌린 곳은 종이 20장이 모두 젖었고, 요구르트를 뿌린 곳은 종이가 3장만 젖었다.

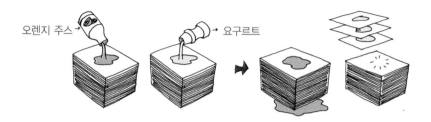

오렌지 주스 → 요구르트

종이를 물질로, 주스와 요구르트를 방사선으로 비유해 봅시다. 그렇다면 주스는 20장의 종이를 뚫고 지나갔고, 요구르트는 3장의 종이만 뚫고 지나갔지요? 그러니까 요구르트보다는 주스가 종이를 뚫고 지나가는 능력이 더 강합니다. 즉, 방사능의 세기가 더 강하지요.

그러니까 우라늄이 들어 있는 광물 아래에 필름을 여러 장 놓고, 라듐이 들어 있는 광물 아래에 필름을 여러 장 놓은 후 어느 물질이 더 많은 필름을 뿌옇게 흐리게 하는지 조사하면 됩니다. 이렇게 비교한 결과 라듐이 들어 있는 광물을 올려놓았을 때 더 많은 필름이 뿌옇게 흐려졌습니다. 즉, 라듐의 방사능의 세기가 우라늄의 방사능의 세기보다 강하다는 것을 알 수 있습니다.

이제 내가 피치블렌드 속에 들어 있는 라듐을 발견한 방법을 알려 주겠어요. 이 작업은 아주 어려운 작업이었습니다.

퀴리 부인은 종이에 작은 점 하나를 찍었다.

이 종이를 피치블렌드라고 생각하고, 작은 점을 라듐이라고 생각해 봅시다. 그럼 종이를 아무렇게나 반으로 잘라 보겠습니다.

퀴리 부인은 종이를 반으로 잘라 학생들에게 보여 주었다. 한쪽 종이에만 점이 있었다.

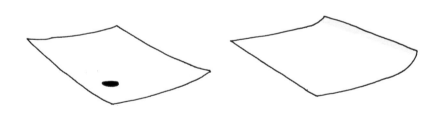

점이 없는 종이는 버립시다. 그리고 다시 점이 있는 종이를 둘로 잘라 봅시다.

퀴리 부인은 이런 식으로 점이 있는 종이를 반으로 자르고 또 잘라 점과 크기가 거의 같은 종이를 만들어 학생들에게 보여 주었다.

큰 종이에서 점을 찾았지요? 이와 같은 방법으로 피치블렌드에서 라듐을 찾을 수 있습니다. 먼저 수천 kg 되는 피치블렌드를 망치로 부숩니다. 그리고 방사선이 나오는 부분을 제외한 나머지 부분은 버립니다. 이렇게 하여 방사선이 나오는 가장 작은 부분을 만들 수 있습니다.

이 작은 광석을 갈아 가루로 만들어 체로 거르고, 끓여서 녹인 다음 액체를 증발시키고, 남은 부분은 여과하고 증류한 다음 전기 분해합니다. 이런 식으로 하여 순수한 금속을 얻을 수 있는데, 이것이 라듐입니다. 수천 kg의 피치블렌드 속에 들어 있는 라듐의 양은 0.1g에 불과합니다.

세 종류의 방사선

우라늄과 라듐 이외에도 방사선을 내는 물질은 많습니다.
예를 들어 폴로늄, 라돈, 비스무트, 토륨 등에서도 방사선이
나옵니다.

그렇다면 모든 방사선들이 서로 다른 종류일까요? 그렇지
는 않습니다. 방사선은 3종류뿐입니다. 알파 방사선, 베타 방
사선, 감마 방사선이 그것이죠.

그렇다면 어떤 기준으로 이렇게 3종류의 방사선으로 나누
었을까요?

퀴리 부인은 학생들 앞에 기왓장 3장씩을 놓고 깨 보게 했다. 미나와
미희는 1장을 깼고, 진희와 경민이는 2장을, 영민이와 창헌이는 3장
을 깼다.

기왓장을 깨기 전에 여러분은 기왓장 아래를 볼 수 없었습니다. 하지만 기왓장을 깨면서 기왓장 아래를 볼 수 있었습니다. 그러니까 여러분의 주먹을 방사선으로, 기왓장을 방사선이 뚫고 지나가는 물질로 볼 수 있습니다. 이렇게 비유하면 기왓장을 1장 깬 아이보다는 기왓장을 3장 깬 아이들이 더 강한 방사선을 가진 원소라고 할 수 있습니다.

이렇게 물질을 뚫고 지나가는 능력을 투과력이라고 하는데, 투과력이 약한 것부터 차례로 알파 방사선, 베타 방사선, 감마 방사선이라고 합니다.

알파 방사선은 두꺼운 종이 카드를 뚫지 못하고 베타와 감마 방사선은 종이 카드를 뚫습니다.

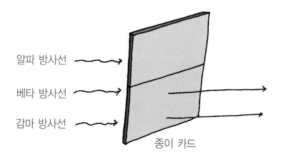

다음과 같은 알루미늄 판을 놓으면 베타 방사선은 뚫지 못하고, 감마 방사선은 뚫고 지나갑니다.

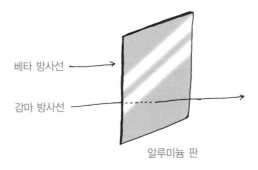

베타 방사선

감마 방사선

알루미늄 판

왜 3종류의 방사선의 투과력에 차이가 날까요?

퀴리 부인은 긴 나무판에 당구공이 지나갈 수 있을 정도의 폭으로 일정 길이로 못을 박고, 다음에는 아주 작은 구슬들만 통과할 수 있을 정도로 촘촘히 못을 박았다. 그리고 먼저 농구공을 굴렸다.

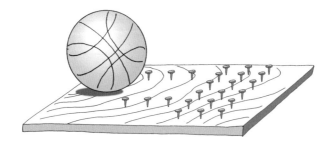

농구공이 못 사이를 지나가지 못했군요.

퀴리 부인은 당구공을 굴렸다.

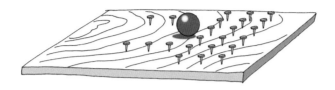

당구공이 못과 못 사이가 넓은 지역은 지나가지만, 못과 못 사이가 좁은 지역은 통과하지 못하지요?

퀴리 부인은 아주 작은 구슬을 굴렸다.

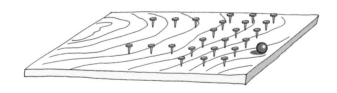

이번에는 두 지역을 모두 통과하는군요. 바로 이것입니다. 방사선을 이루고 있는 알갱이들이 농구공처럼 덩치가 크면 투과력이 약하고, 작은 구슬처럼 덩치가 작으면 투과력이 강해지지요. 마치 오토바이가 차들이 막혀 있는 도로에서 차와 차 사이를 뚫고 달릴 수 있는 것과 같지요.

알파 방사선은 아주 덩치가 큰 알갱이들의 흐름입니다. 이 것은 바로 헬륨의 핵입니다. 그러므로 알파 방사선은 양의 전기를 띱니다. 또한 베타 방사선은 전자들의 흐름입니다. 그러므로 음의 전기를 띱니다. 마지막으로 감마 방사선은 아 주 파장이 짧은 빛입니다. 그러므로 감마 방사선은 전기를 띠지 않습니다.

과학자의 비밀노트

피치블렌드(pitchblende)

우라니나이트의 일종으로 역청우라늄석이라고도 한다. 화학 성분은 4(UO$_2$)이다. 결정도가 낮고 괴상을 나타내는 섬우라늄석으로 외관이 피 치를 닮아서 이런 이름이 붙었다. 결정질의 섬우라늄석에 비하여 불순물 이 많고 비중도 6.5~8.5로 다소 낮다. 체코의 요하임스탈에서 산출 되는 피치블렌드로부터 퀴리 부인이 라듐을 처음으로 발견한 것이 유명하다.

만화로 본문 읽기

선생님께서 실험실로 오라고 하셨어.

왜 그러시지?

X선은 인공적인 방사선이지만 필름 위의 이 광물에는 스스로 방사선을 내는 물질이 들어 있어요.

광물이 놓였던 자리가 뿌옇게 흐려졌지요? 광물에서 필름을 뿌옇게 만드는 빔이 나온 거예요. 그 빔의 정체는 바로 우라늄이지요.

우라늄에서 나오는 방사선도 종이를 뚫고 지나갈 수 있나요?

그럼요. 하지만 광물과 필름 사이에 동전을 놓고 실험해 보면 우라늄에서 나온 방사선은 동전을 뚫지는 못해요.

우라늄 말고 방사선을 내는 또 다른 물질은 없나요?

피치블렌드라는 광물 속에는 우라늄보다 방사능이 강한 라듐이 들어 있어요. 방사능 세기는 광물 아래에 필름을 여러 장 놓은 후 필름이 변하는 정도로 조사하면 돼요.

필름

라듐은 수천 kg이나 되는 피치블렌드를 망치로 부수고 전기 분해해서 내가 직접 발견했어요. 이 작업은 아주 어려운 작업이었지요.

저희를 부른 이유가 자랑하시려고 그런 거지요?

원자핵 호텔 이야기

원자핵 속에는 양성자와 중성자가 살고 있습니다.
이들은 어떤 규칙으로 핵 호텔을 채울까요?

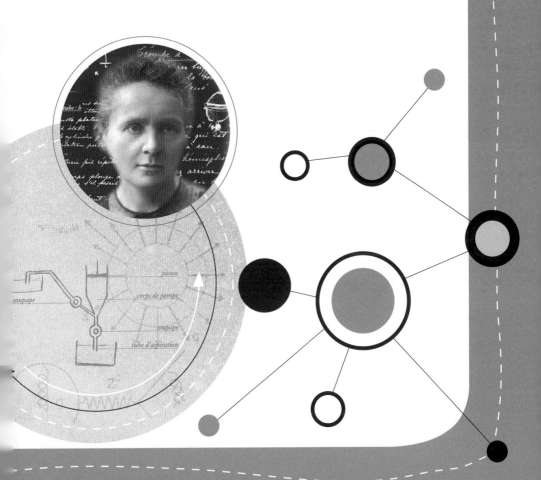

5

원자핵 호텔 이야기

교. 고등 물리 II   3. 원자와 원자핵
과.
연.
계.

퀴리 부인이
지난 시간의 내용을 복습하며
다섯 번째 수업을 시작했다.

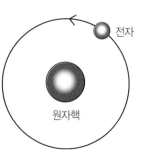

방사선은 어떤 원리로 나오는 걸까
요? 그것을 알기 위해서는 원자핵에
대해 알아야 합니다. 모든 물질은
원자로 이루어져 있습니다. 원자는
원자핵과 그 주위를 돌고 있는 전자
로 이루어져 있습니다.

그럼 원자핵 속에는 무엇이 있을까요? 원자
핵 속에는 양의 전기를 띠고 있는 양성자와 전기를 띠고 있지
않은 중성자가 살고 있습니다. 양성자와 중성자는 핵 안에

살고 있기 때문에 이들을 합쳐 핵자라고 합니다.

양성자가 가진 전기와 전자가 가진 전기는 부호는 반대이지만 크기가 같습니다. 그러므로 원자 속에는 같은 개수의 양성자와 전자가 있습니다. 양성자와 중성자는 거의 같은 질량을 가지고 있습니다.

그럼 각각의 원자에 대해 중성자의 개수는 몇 개일까요? 중성자는 전기를 띠지 않으므로 그 수를 제한할 필요는 없습니다.

원자 번호 1번인 수소의 핵은 양성자 하나만으로 이루어져 있습니다. 즉, 수소의 핵에는 중성자가 없지요. 하지만 원자 번호 2번인 헬륨의 핵에는 2개의 양성자와 2개의 중성자가 있습니다. 몇 개 원자들의 양성자 수와 중성자 수를 나열하면 다음과 같습니다.

원자 번호	원자 기호	원소 이름	양성자의 수	중성자의 수
1	H	수소	1	0
2	He	헬륨	2	2
3	Li	리튬	3	3
4	Be	베릴륨	4	4
5	B	붕소	5	5
6	C	탄소	6	6
7	N	질소	7	7
8	O	산소	8	8

수소를 제외하고는 양성자의 수와 중성자의 수가 같군요. 모든 원소가 그럴까요? 그렇지는 않습니다. 가벼운 원자핵에 서는 양성자의 수와 중성자의 수가 같지만, 무거운 원자핵에 서는 양성자의 수보다 중성자의 수가 더 많습니다. 예를 들어, 원자 번호가 92번인 우라늄은 양성자의 수가 92개이고 중성 자의 수가 146개로 중성자가 양성자보다 훨씬 더 많습니다.

핵 호텔

원자핵 속에는 핵자들이 어떻게 들어가 있을까요? 원자핵 속에서 핵자들이 사는 호텔은 양성자 호텔과 중성자 호텔로 나누어져 있습니다. 그런데 핵자들이 사는 호텔은 아주 신기

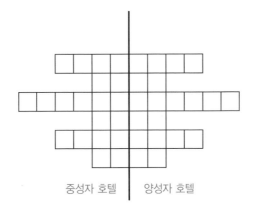

중성자 호텔   양성자 호텔

하게 생겼습니다.

앞 페이지의 그림에서 왼쪽은 중성자들이 사는 호텔이고 오른쪽은 양성자들이 사는 호텔입니다. 각 층마다 방의 개수가 다르다는 것을 알 수 있습니다. 그러니까 각 층에 들어갈 수 있는 중성자의 수는 1층에 2개, 2층에 4개, 3층에 2개, 4층에 6개, 5층에 2개, 6층에 4개입니다.

이 호텔을 핵 호텔이라고 합시다. 양성자 호텔과 중성자 호텔이 붙어 있는 쌍둥이 호텔이지요. 그러니까 양성자 손님은 양성자 호텔로, 중성자 손님은 중성자 호텔로 가야 합니다.

호텔에는 요금이 비싼 객실도 있고 싼 객실도 있습니다. 핵 호텔에서는 위로 올라갈수록 요금이 비싸집니다. 예를 들어 1층 요금을 1만 원, 2층 요금을 2만 원, 3층 요금을 3만 원이라고 합시다.

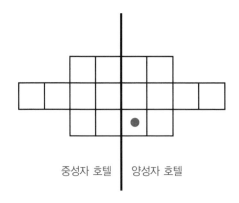

중성자 호텔   양성자 호텔

그러므로 양성자 손님과 중성자 손님은 요금이 싼 방부터 채우려고 할 것입니다. 예를 들어, 수소 핵 호텔은 왼쪽 페이지의 그림과 같지요.

양성자 하나가 가장 요금이 싼 1만 원짜리 방에 있군요. 헬륨 핵 호텔은 다음과 같지요.

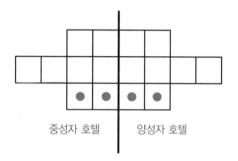

중성자 호텔   양성자 호텔

양성자 2개와 중성자 2개가 요금이 가장 싼 1만 원짜리 방에 있습니다.

이번에는 리튬 핵 호텔을 보죠.

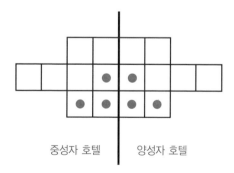

중성자 호텔   양성자 호텔

리튬 핵에는 양성자 3개와 중성자 3개가 들어갑니다. 그러므로 2개의 양성자와 2개의 중성자는 1층에 들어갈 수 있지만, 나머지 1개씩은 1층에 들어갈 수 없으므로 요금이 1만원 더 비싼 2층 객실을 이용해야 합니다. 핵자의 수가 더 많아지면 어쩔 수 없이 요금이 더 비싼 객실을 이용해야 합니다. 예를 들어, 산소 핵 호텔의 모습은 다음과 같습니다.

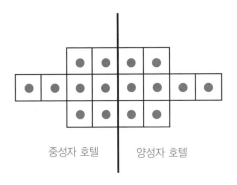

중성자 호텔　　　　　양성자 호텔

어서 오십시오. 원자핵 호텔에 오신 것을 진심으로 환영합니다.

와, 멋지다!

저희 호텔은 왼쪽은 중성자인 분들만 들어가실 수 있고, 오른쪽은 양성자인 분들만 들어가실 수 있습니다. 실례지만 두 분은….

아, 저희는 그냥 구경만 하려고요.

저희 원자핵 호텔은 층마다 방 개수가 다른 중성자 호텔과 양성자 호텔이 붙어 있는 쌍둥이 호텔이죠. 저희 호텔 타운에는 이런 쌍둥이 호텔이 여러 개 있습니다.

그리고 저희 호텔에선 양성자 손님은 양성자 건물로, 중성자 손님은 중성자 건물에 방을 잡아야 하고, 방은 낮은 층부터 들어가셔야만 합니다. 즉, 1층이 다 차야 다음 층에 방을 잡으실 수 있는 겁니다.

재미있는 규칙이네.

토미, 저기 봐! 수소 핵 호텔에는 양성자 건물 1층에 양성자 한 손님만 있고, 헬륨 핵 호텔은 양성자 두 개와 중성자 두 개가 1층에 있네.

아, 정말 규칙을 잘 지키네.

구경 잘하고 갑니다.

헉! 진짜 구경만 하고 가다니…. 얘들아, 소금 뿌려라.

감마 방사선

감마 방사선은 빛입니다.
감마 방사선이 나오는 원리를 알아봅시다.

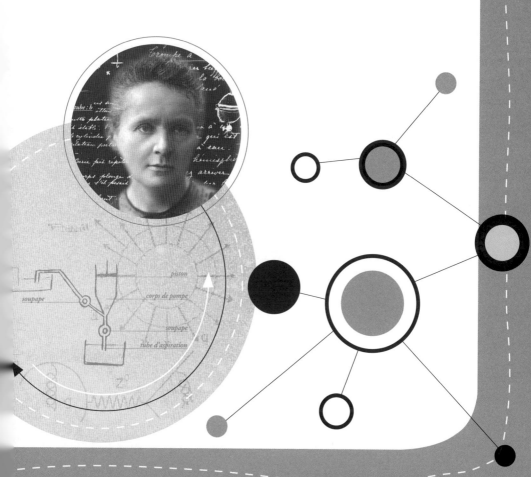

6

여섯 번째 수업
감마 방사선

퀴리 부인이
조그만 물레방아를 가지고 와서
여섯 번째 수업을 시작했다.

우리는 지난 시간에 세 종류의 방사선에 대해 얘기했습니다. 오늘은 그 중 가장 투과력이 강한 감마 방사선이 생기는 원리에 대해 알아보겠습니다.

퀴리 부인은 조그만 물레방아를 가지고 왔다.
그리고 10cm 위에서 물을 부었다. 물레
방아가 돌기 시작했다.

무엇이 물레방아를 돌게 했나요?

그것은 바로 물이 10cm 위에서 떨어졌기 때문입니다. 10cm 위에 있는 물은 10cm 아래에 있는 물보다 위치 에너지가 큽니다. 그것은 위치 에너지가 높이에 비례하기 때문이지요.

퀴리 부인은 이번에는 20cm 위에서 물을 부었다. 물레방아가 더 빨리 돌기 시작했다.

물레방아가 더 빨리 도는군요. 그것은 20cm 위에 있는 물의 위치 에너지가 10cm 위에 있을 때보다 더 크기 때문입니다.

20cm

물이 내려오면 높이가 낮아지므로 물의 위치 에너지는 줄어듭니다. 그럼 줄어든 에너지는 어디로 갔을까요? 그것은 바로 물의 속도를 증가시킵니다. 즉, 물의 운동 에너지로 바뀌는 것이죠. 그 운동 에너지가 물레방아를 회전시키는 겁니다.

감마 방사선 방출

이제 감마 방사선이 발생하는 원리를 알아봅시다. 우리는 지난 시간에 핵 호텔에 대해 얘기했습니다. 그리고 핵자들은 싼 방을 먼저 채우려고 한다는 얘기도 했습니다.

예를 들어, 산소의 동위 원소인 $^{17}_{8}O$를 봅시다. 여기서 위 첨자 17은 핵자의 수를, 아래 첨자 8은 양성자의 개수를 뜻합니다. 그러므로 중성자의 수는 $17 - 8 = 9$로 9개가 됩니다. 보통의 산소는 양성자의 수와 중성자의 수가 8개로 같은 $^{16}_{8}O$입니다.

$^{17}_{8}O$와 $^{16}_{8}O$의 차이는 뭘까요? 그것은 바로 중성자의 개수의 차이입니다. 이렇게 원래의 원자보다 중성자의 개수가 적거나 많은 원자를 그 원자에 대한 동위 원소라고 합니다. 즉, $^{17}_{8}O$은 $^{16}_{8}O$의 동위 원소입니다.

$^{17}_{8}O$의 핵자들을 핵 호텔에 넣어 봅시다.

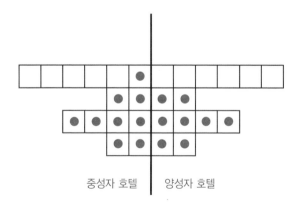

중성자 호텔   양성자 호텔

중성자 호텔은 한 층이 더 있군요. 이것은 중성자의 개수가 한 개 더 많기 때문입니다. 이때 중성자 손님들이 내야 하는 객실료는 다음과 같습니다.

1층 : 2 × 1만 원 = 2만 원

2층 : 4 × 2만 원 = 8만 원

3층 : 2 × 3만 원 = 6만 원

4층 : 1 × 4만 원 = 4만 원

합계 = 20만 원

이것은 핵자들의 객실료의 합계가 가장 적게 되는 경우입니다. 이럴 때 핵은 바닥상태에 있다고 얘기하지요.

하지만 어떤 $^{17}_{8}O$에서는 중성자가 더 비싼 호텔에 들어가 있는 경우도 있습니다. 예를 들면, 오른쪽 그림과 같은 경우이죠.

하나의 중성자가 4층, 5층을 비워 두고 6층에 들어

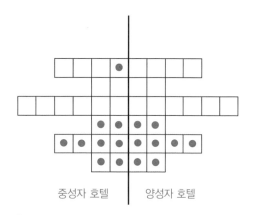

중성자 호텔   양성자 호텔

가 있군요. 이때 중성자 손님들이 내야 하는 객실료는 다음
과 같습니다.

1층 : 2 × 1만 원 = 2만 원

2층 : 4 × 2만 원 = 8만 원

3층 : 2 × 3만 원 = 6만 원

6층 : 1 × 6만 원 = 6만 원

_____

합계 = 22만 원

이 경우는 바닥상태일 때보다 핵자들이 내야 하는 객실료
의 합이 더 커집니다. 이럴 때 핵은 들뜬상태에 있다고 말합
니다.

퀴리 부인은 공 하나를 위로 던졌다.
공이 조금 올라가다가 다시 내려왔다.

공이 바닥에 있을 때 공은 바닥상
태에 있습니다. 하지만 위로 올라가면서
들뜬상태가 됩니다. 위로 올라가 들뜬상태일

때는 불안정한 상태가 됩니다. 그러므로 안정한 상태인 바닥
상태가 되려고 합니다.

핵 호텔에 있는 핵자들도 마찬가지입니다. $^{17}_{8}O$를 생각해
봅시다. 중성자 손님 하나가 6층의 빈방에 들어간 경우는 중
성자들 전체의 객실료는 22만 원이고, 4층에 들어간 경우 전
체 객실료는 20만 원입니다. 그러므로 중성자들은 좀 더 싸
게 호텔에 묵으려고 하는 경향이 생기게 되겠지요. 그러므로
6층에 살고 있는 중성자는 4층에 빈방이 있는 것을 알고 그
리로 내려가려고 하게 됩니다. 즉, 핵자들은 들뜬상태보다는
값이 싼 바닥상태가 되려고 하지요.

그렇다면 객실료 차액은 어떻게 될까요? 물론 그 차액인 2
만 원은 버려야 합니다. 무엇으로 버릴까요? 그건 바로 빛입

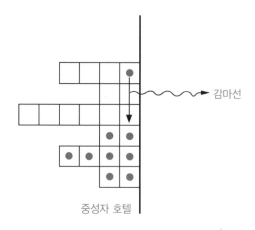

니다. 이 버린 차액에 대응하는 에너지를 가진 빛을 방출하면서 핵은 들뜬상태에서 바닥상태로 내려옵니다. 이 경우 2만 원에 해당하는 빛을 방출하겠지요. 이 빛은 아주 높은 에너지를 가진 빛인데, 그것이 바로 감마선(또는 감마 방사선)이라고 하는 빛입니다.

토미, 여기서 뭐하니?

원자

응, 돈 좀 벌어 보려고.

그래? 어떻게?

설명해 주지. 너 들뜬상태와 바닥상태가 뭔지 알지?

응. 입자가 높은 에너지 준위에 있을 때 불안정한 들뜬상태이고, 가장 낮은 에너지 준위에 있을 때 안정한 바닥상태라고 하잖아.

원자핵 ✳ 호텔

들뜬 상태

중성자 호텔   양성자 호텔

잘 알고 있네. 그럼 얘기가 쉽겠군. 지금 저 호텔에 중성자 손님 하나가 4층에 빈방이 있는데도 6층에 잘못 들어갔단 말이야. 즉, 들뜬상태가 된 거지. 그럼 곧 싼 아래층에 묵으려고 4층 빈방으로 내려오게 될 거야. 즉, 들뜬상태보다는 바닥상태가 되려고 하는 거지.

응, 알겠어. 근데 무슨 돈을 번다고 그래?

중성자 손님이 비싼 6층 방에서 싼 4층 방으로 이사를 가면 그 객실료 차액은 어떻게 될까? 바로 호텔 밖으로 버릴 거야. 난 그걸 줍기만 하면…, 크크크.

바보야! 그 차액은 돈으로 버려지지 않고 빛으로 나와. 즉, 차액에 대응하는 에너지를 가진 빛을 방출하면서 핵은 들뜬상태에서 바닥상태로 내려오는 거지. 이 빛은 아주 높은 에너지를 가진 감마선이야!

뭐 빛이라고? 감마선? 그럼 진작 말해 줬어야지.

똑똑한 척은 다 하더니.

베타 방사선

베타 방사선은 전자들의 흐름입니다.
핵에서 베타 방사선이 방출되는 원리를 알아봅시다.

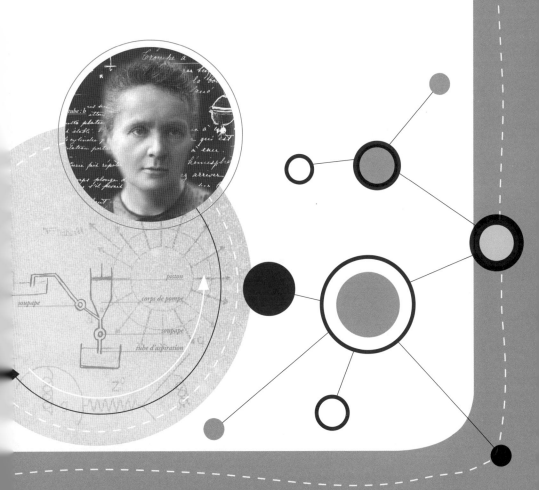

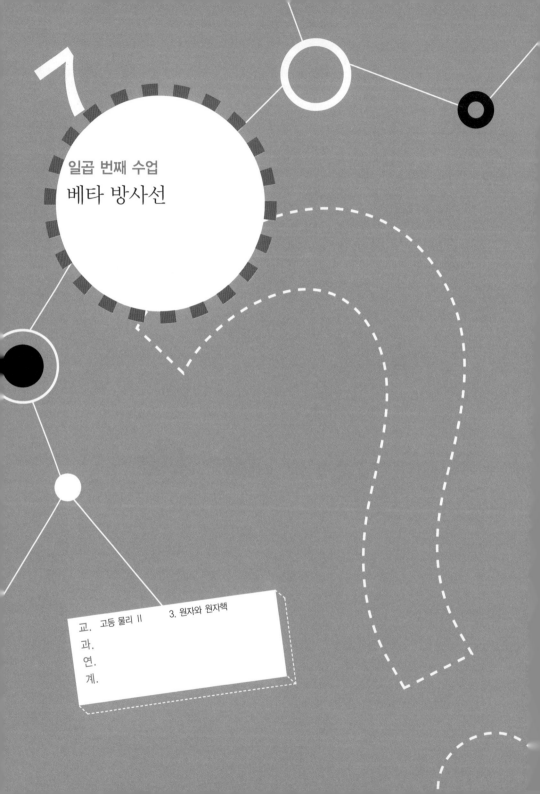

퀴리 부인이
지난 수업 내용을 상기시킨 후
일곱 번째 수업을 시작했다.

오늘은 베타 방사선의 방출에 대해 얘기하겠습니다.

베타 방사선을 이루는 것은 전자들입니다. 이렇게 원자핵
은 전자들을 방출하면서 다른 원자핵으로 바뀌게 됩니다. 이
제 그 과정에 대해 자세히 알아보겠습니다.

안정된 탄소는 $^{12}_{6}C$입니다. 그러니까 양성자와 중성자가
6개씩이죠. 그러므로 양성자 호텔과 중성자 호텔은 다음과
같이 채워져 있습니다.

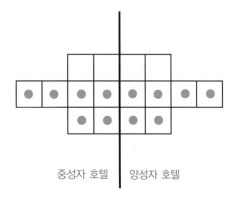

중성자 호텔 | 양성자 호텔

탄소의 동위 원소인 $^{14}_{6}C$는 중성자의 개수가 8개이고 양성자의 개수가 6개입니다. 그러므로 핵 호텔은 다음과 같이 채워져 있지요.

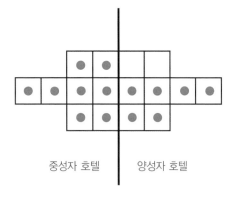

중성자 호텔 | 양성자 호텔

이때 중성자 호텔에 있는 중성자는 양성자 호텔의 빈방으로 이동하고 싶어하지요. 그것은 비싼 객실료를 지불하는 중성자의 경우 그런 마음이 들게 되기 때문입니다. 이렇게 불안정한 동위 원소 $^{14}_{6}C$는 안정한 원소가 되려고 할 것입니다. 그럼 중성자 하나가 양성자로 변해 양성자 호텔로 옮겨 가는 경우를 봅시다. 다음과 같이 되지요?

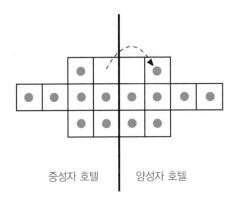

중성자 호텔   양성자 호텔

그러면 양성자 7개, 중성자 7개를 가진 안정된 원소가 되는데, 이것은 안정된 질소 핵 $^{14}_{7}N$이 되지요. 이렇게 중성자가 양성자로 변하는 과정을 베타 반응이라고 하며, 다음과 같습니다.

중성자 → 양성자 + 전자 + 뉴트리노

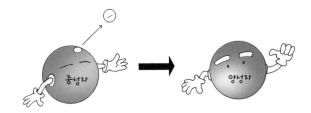

이때 튀어나온 전자들이 바로 베타 방사선입니다. 이렇게 베타 방사선을 방출하여 안정된 원자핵으로 바뀌는 동위 원소를 방사성 동위 원소라고 합니다.

뉴트리노

가만, 여기서 뉴트리노라는 이상한 물질이 튀어나왔군요. 뉴트리노는 중성자가 양성자로 변하는 베타 반응에서 튀어나오는 질량이 거의 0에 가까운 입자입니다. 뉴트리노는 전기를 띠고 있지 않고 물질들과 전혀 반응을 하지 않습니다. 그러므로 우리 몸속을 통과하여 저 머나먼 우주로 도망치기도 하고, 우주 멀리에서 날아온 뉴트리노가 우리 주위를 정신없이 지나다니기도 합니다.

뉴트리노

베타 반응

베타 반응에 대해 좀 더 알아보겠습니다. 베타 반응은 원자 핵의 중성자가 양성자로 바뀌는 반응입니다. 그러므로 베타 반응을 일으킨 원소는 양성자가 하나 더 증가하므로 원자 번호가 하나 증가합니다. 예를 들어, 원자 번호 82인 납-210* 은 베타 방사선을 방출하여 원자 번호가 83인 비스무트-210 으로 변합니다.

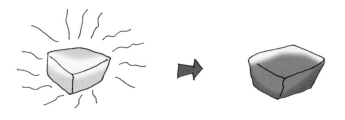

원자 번호 82 : 납-210   원자 번호 83 : 비스무트-210

베타 방사선을 방출하는 원소는 주로 동위 원소들입니다. 동위 원소는 베타 방사선을 방출하지 않는 안정한 것도 있고 베타 방사선을 방출하여 안정한 원자핵이 되는 것도 있습니

---

* 납-210 : 여기서 원자 이름 다음의 숫자는 핵자의 수를 말함.

다. 예를 들어, 산소의 동위 원소에는 산소-17, 산소-18처럼 안정한 것도 있고, 산소-13, 산소-14, 산소-15, 산소-19, 산소-20처럼 불안정하여 방사선을 방출하고 안정한 원자핵으로 변환되는 것도 있습니다.

원자 변환

베타 반응을 이용하여 우리는 원자를 다른 원자로 바꿀 수 있습니다. 이번에는 그 과정에 대해 알아보겠습니다.

원자 번호 42번인 몰리브덴-98을 생각해 봅시다. 이 원자를 43번 원자로 변환시킬 수 있습니다. 43번 원소는 테크네튬이라는 금속입니다.

어떻게 변환시킬까요? 몰리브덴-98을 중성자로 때립니다. 그러면 몰리브덴-98의 원자핵이 중성자를 흡수합니다. 그러면 중성자가 하나 늘어났으니까 몰리브덴-99가 되겠지요? 이때 중성자는 베타 반응을 일으켜 양성자로 변하게 됩니다. 그리하여 몰리브덴-99가 테크네튬-99로 변하게 되지요.

이런 식으로 중성자를 때려 원자 번호가 하나 증가한 새로

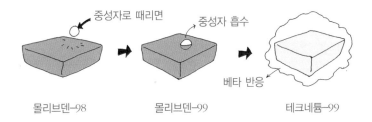

중성자로 때리면   중성자 흡수

베타 반응

몰리브덴-98   몰리브덴-99   테크네튬-99

운 원소를 계속 만들어 낼 수 있습니다. 예를 들어, 원자 번호 92번인 우라늄을 중성자로 때리면 원자 번호 93번인 넵투늄을 만들 수 있고, 다시 중성자로 넵투늄을 때리면 원자 번호 94번 플루토늄을 만들 수 있습니다. 물론 이 과정은 모두 베타 반응입니다. 이렇게 인공적으로 다른 원자핵을 만드는 것을 인공 핵반응이라고 하지요.

과학자의 비밀노트

뉴트리노(중성미자, neutrino)

기본 입자의 일종으로 약한 중력의 상호 작용에 영향을 받는 질량이 가벼운 경입자(lepton)에 속한다. 전기적으로 중성이고, 정지 질량은 $1eV/c^2$ 미만이며 스핀 양자수가 $\frac{1}{2}$인 입자이다. 반입자로 반중성미자(antineutrino)가 있다. 생성 과정에 따라 전자중성미자와 뮤온중성미자, 타우중성미자로 구분할 수 있다.

알겠소? 난 더 이상 중성자 호텔에 묵지 않겠소. 당장 양성자 호텔로 옮겨 주시오!!

당장 조치를 취하겠습니다.

어? 저건 호텔의 규칙에 위배되잖아. 어떻게 중성자가 양성자 호텔에 들어갈 수가 있는 거지?

후, 방법이 있죠. 중성자 손님을 양성자로 바꾸는 겁니다.

저희 호텔은 탄소 $^{12}_{6}C$의 동위 원소인 $^{14}_{6}C$인 원자핵 호텔로 중성자 손님이 여덟, 양성자 손님은 여섯입니다. 하지만 저희 같은 호텔은 불안정해서 안정된 $^{14}_{7}N$와 같은 호텔이 되려고 하는 것입니다.

그래서 중성자 손님 한 분을 양성자로 바꿔 양성자 호텔로 옮겨 가게 하는 겁니다. 그럼 양성자 일곱, 중성자 일곱이 되어 $^{14}_{7}N$와 같은 안정된 원소의 원자핵 호텔이 되는 것입니다.

이렇게 중성자가 양성자로 변하는 과정을 베타 반응이라고 하는데, 이 과정에서 전자와 뉴트리노가 튀어나오게 됩니다. 이때 튀어나온 전자들은 바로 베타 방사선이고요.

이 전자들이 베타 방사선

중성자 | 변신 | 양성자

아! 그럼 베타 방사선을 이루는 것은 중성자에서 나온 전자들이었구나.

그렇죠.

알파 방사선

알파 방사선은 헬륨 핵의 흐름입니다.
핵에서 알파 방사선이 나오는 원리에 대해 알아봅시다.

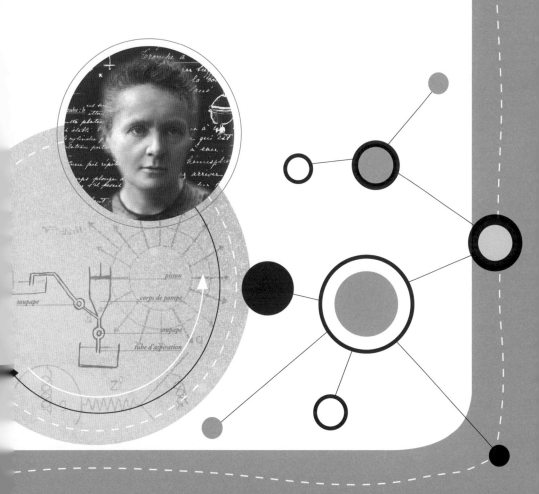

여덟 번째 수업

알파 방사선

교. 고등 물리 II   3. 원자와 원자핵

과.

연.

계.

퀴리 부인이
알파 방사선에 대하여
여덟 번째 수업을 시작했다.

오늘은 가장 약한 방사선인 알파 방사선에 대해 알아보겠습니다.

앞에서도 얘기했듯이 알파 방사선은 양성자 2개와 중성자 2개가 달라붙어 있는 헬륨 핵으로 이루어져 있습니다. 물론 헬륨 핵은 원자핵 속에서 만들어져서 원자핵 밖으로 빠져나옵니다.

그럼 왜 헬륨 핵이 원자핵에서 빠져나올까요? 그것은 바로 무거운 원자핵이 살을 빼고 싶어 하기 때문입니다. 살이 찐 사람이 운동으로 살을 빼는 것처럼 무거운 원자핵도 핵자를

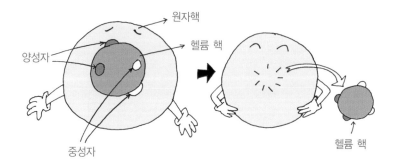

줄여 가벼운 원자핵이 되려고 합니다.

이것은 당연한 일입니다. 핵자들이 사는 핵 호텔이 그리 넓지 않아 핵자들이 비좁은 공간에서 살다가 기회를 보아 핵 호텔을 빠져나가려고 하지요. 그런데 핵 호텔을 빠져나가기 위해서는 엄격한 조건을 갖추어야 하는데, 그것은 다음과 같은 규칙입니다.

양성자 2개와 중성자 2개가 함께 모일 때만 핵 호텔을 빠져나갈 수 있다.

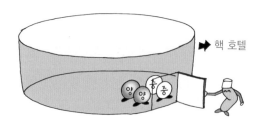

따라서 이런 조건을 만족하는 헬륨 핵을 이루어 물질들이 빠져나오게 되는데 그것이 알파 반응입니다. 그러므로 알파 반응을 하면 원소는 중성자가 2개 줄어들고 양성자가 2개 줄어들게 됩니다. 그러므로 원자 번호가 2개 줄어들고 양성자 질량의 4배만큼 질량이 가벼워지게 되지요.

방사성 붕괴

방사성 동위 원소는 알파 방사선을 방출하면서 원자 번호가 둘 감소하거나 베타 방사선을 방출하면서 원자 번호가 하나 증가합니다. 이렇게 방사선을 방출하면서 다른 원자핵으로 바뀌는 것을 방사성 붕괴라고 합니다. 이때 알파 방사선을 방출하면 알파 붕괴라고 하고, 베타 방사선을 방출하면 베타 붕괴라고 합니다. 또한 감마 방사선을 방출하는 경우 원자핵이 달라지지 않습니다.

예를 들어, 원자 번호 92번 우라늄-238의 방사성 붕괴 과정을 알아보겠습니다. 우라늄-238은 알파 붕괴에 의해 원자 번호 90번인 토륨-234가 됩니다.

우라늄-238 → 토륨-234 + 알파 방사선

이때 토륨-234는 베타 붕괴를 하여 원자 번호 91번 프로트악티늄이 됩니다.

토륨-234 → 프로트악티늄-234 + 베타 방사선

프로트악티늄은 베타 붕괴를 하여 우라늄-234가 됩니다.

프로트악티늄-234 → 우라늄-234 + 베타 방사선

우라늄-234는 알파 붕괴를 하여 토륨-230이 되지요.

우라늄-234 → 토륨-230 + 알파 방사선

토륨-230은 알파 붕괴에 의해 원자 번호 88번 라듐-226이 됩니다.

토륨-230 → 라듐-226 + 알파 방사선

라듐-226은 알파 붕괴에 의해 원자 번호 86번 라돈-222가 됩니다.

라듐-226 → 라돈-222 + 알파 방사선

라돈-222는 알파 붕괴에 의해 원자 번호 84번 폴로늄-218이 됩니다.

라돈-222 → 폴로늄-218 + 알파 방사선

폴로늄-218은 알파 붕괴에 의해 원자 번호 82번 납-214가 됩니다.

폴로늄-218 → 납-214 + 알파 방사선

납-214는 베타 붕괴에 의해 원자 번호 83번 비스무트-214가 됩니다.

납-214 → 비스무트-214 + 베타 방사선

비스무트-214는 베타 붕괴에 의해 폴로늄-214가 됩니다.

비스무트-214 → 폴로늄-214 + 베타 방사선

폴로늄-214는 알파 붕괴에 의해 납-210이 됩니다.

폴로늄-214 → 납-210 + 알파 방사선

납-210은 베타 붕괴에 의해 비스무트-210이 됩니다.

납-210 → 비스무트-210 + 베타 방사선

비스무트-210은 베타 붕괴에 의해 폴로늄-210이 됩니다.

비스무트-210 → 폴로늄-210 + 베타 방사선

폴로늄-210은 알파 붕괴에 의해 납-206이 됩니다.

폴로늄-210 → 납-206 + 알파 방사선

그렇다면 납-206은 어떤 붕괴를 할까요? 납-206은 안정한 원자핵입니다. 즉, 방사성 붕괴를 하지 않습니다. 그러므로 우라늄-238의 방사성 붕괴는 이 과정에서 멈추게 됩니다.

반감기

방사성 붕괴를 하면서 방사성 물질은 안정한 원자핵으로 바뀌게 되므로 결국은 방사선을 방출하지 않게 됩니다. 어떤 방사성 물질은 방사선을 아주 오랜 시간 동안 방출하기도 하고, 어떤 것은 아주 짧은 시간 동안 방사선을 방출하고 안정한 원자핵이 되기도 합니다.

물리학자들은 방사성 물질의 양이 처음 양의 절반으로 줄어드는 데 걸리는 시간을 반감기라고 합니다. 예를 들어, 우라늄-238의 반감기는 45억 년으로 아주 길지만 폴로늄-238의 반감기는 3분으로 아주 짧습니다.

어떤 과정에 의해 방사성 물질이 줄어드는지를 간단한 수학으로 알아봅시다.

퀴리 부인은 통 2개에 물을 받았다. 하나는 큰 통이고, 다른 하나는 작은 통이었다. 그리고 두 물통을 사우나실 안에 넣어두었다. 1시간 후 두 물통의 물의 양은 줄어들었다. 물론 이것은 물이 증발되었기 때문이었다. 그런데 큰 물통의 물이 더 많이 줄어들었다.

큰 물통의 물이 더 많이 줄어들었지요? 물론 이 과정은 방사성 붕괴 과정은 아닙니다. 물의 증발 과정이지요.

방사성 붕괴의 경우도 마찬가지입니다. 처음 방사성 물질이 많을수록 1년 동안 방사성 물질의 감소량은 큽니다. 그러니까 다음과 같지요.

1년 동안 방사성 물질의 감소량은 처음 방사성 물질의 양에 비례한다.

퀴리 부인은 같은 크기의 물통 2개에 같은 양의 물과 알코올을 부어 사우나실 안에 넣어두었다. 그리고 1시간 후 물과 알코올의 변화량을 비교했다. 알코올이 물보다 더 많이 줄어들었다.

이것은 같은 조건에서 알코올이 물보다 더 잘 증발되기 때문입니다. 마찬가지로 방사성 물질도 같은 시간 동안 많이 줄어드는 것이 있는가 하면 적게 줄어드는 것도 있습니다. 그러므로 1년 동안 방사성 물질의 감소량에 대해 다음 식을 세울 수 있지요.

(1년 동안 방사성 물질의 감소량)
= (붕괴 상수) × (처음 방사성 물질의 양)

이때 붕괴 상수가 클수록 방사성 물질의 감소 비율이 커집니다. 즉, 같은 시간 동안 방사성 물질이 많이 줄어들게 되지요. 과연 그런지 확인해 봅시다.

붕괴 상수가 $\frac{1}{2}$인 방사성 물질 A와 붕괴 상수가 $\frac{1}{4}$인 방사성 물질 B를 생각합시다. 두 방사성 물질의 처음 양은 똑같이 100이라고 합시다. 그리고 두 물질 A, B에서 1년 후 남아 있는 방사성 물질의 양을 각각 a, b라고 합시다.

그럼 방사성 물질 A의 경우 1년 동안 방사능 물질의 감소량은 100-a가 됩니다. 따라서 물질 A는 다음 식을 만족하지요.

$$100 - a = \frac{1}{2} \times 100$$

따라서 a=50이 됩니다. 그러므로 방사성 물질 A는 1년 후 방사성 물질의 양이 절반이 됩니다. 즉, 이 물질의 반감기는 1년입니다.

이번에는 물질 B의 경우를 봅시다. 물질 B의 1년 동안 방사능 물질의 감소량은 100-b이므로 다음 식을 만족하지요.

$$100 - b = \frac{1}{4} \times 100$$

이 식을 풀면 b=75가 되어 1년 후 물질 B가 더 많이 남아 있습니다. 이때 두 물질의 붕괴 상수는 A가 더 크지요? 그러므로 붕괴 상수가 클수록 방사성 물질이 더 빨리 붕괴합니다

방사능 연대 측정법

방사성 물질마다 붕괴 상수가 다릅니다. 그러므로 절반의 양으로 줄어드는 데 걸리는 시간인 반감기도 다르지요. 방사성 물질의 반감기를 이용하면 방사성 물질을 가지고 있는 물질의 연대를 측정할 수 있습니다.

예를 들어, 공기 중에 있는 탄소의 동위 원소 탄소-14는 방사능을 방출합니다. 탄소-14의 반감기는 5,700년이지요. 그런데 공기 중의 탄소-14의 양과 죽은 생물 속의 탄소-14 비율이 일정하다고 하면 죽은 생물에서 탄소-14가 얼마나 줄어들었는가를 통해 그 생물이 죽은 시기를 알 수 있습니다. 이런 방법에 의해 고고학자들은 미라의 연대를 측정하기도 하지요.

여기는 너무 좁다고! 어서 나가게 해 줘!

그렇지만 조건이 있어요. 양성자 2개와 중성자 2개가 함께 모여서 헬륨핵을 이루었을 때만 핵 호텔을 빠져나갈 수 있어요.

양성자

그럼 우리 넷이서 함께 헬륨핵을 이루면 되겠군.

좋습니다. 이제 나가셔도 됩니다.

중성자 중성자 양성자 양성자

헬륨핵은 왜 원자핵에서 빠져나오는 거예요?

무거운 원자핵이 핵자를 줄여 가벼운 원자핵이 되려고 하기 때문이죠. 양성자 2개와 중성자 2개가 함께 모일 때만 헬륨핵을 이루어 빠져나올 수 있는데, 이것이 알파 반응이죠.

중성자 양성자

알파 반응을 하면 원소는 중성자 2개와 양성자 2개가 줄어들게 돼요. 그래서 원자 번호가 2개 줄어들고 양성자 질량의 4배만큼 질량이 가벼워지죠.

방사성 동위 원소는 알파 방사선을 방출하면서 원자 번호가 둘 감소하거나 베타 방사선을 방출하면서 원자 번호가 하나 증가하죠. 이렇게 방사선을 방출하면서 다른 원자핵으로 바뀌는 것을 방사성 붕괴라고 해요.

원자번호 92번 우라늄 238

↓ 알파 붕괴

원자번호 90번 토륨 234 + 알파 방사선

↓ 베타 붕괴

원자번호 91번 프로토악티늄 + 베타 방사선

이때 알파 방사선을 방출하면 알파 붕괴라고 하고, 베타 방사선을 방출하면 베타 붕괴라고 해요. 그러나 감마 방사선을 방출하는 경우는 원자핵이 달라지지 않아요.

그렇군요.

원자력과 방사능

원자 폭탄이나 원자력 발전은 핵분열 과정입니다.
이 과정에서 왜 방사선이 나올까요?

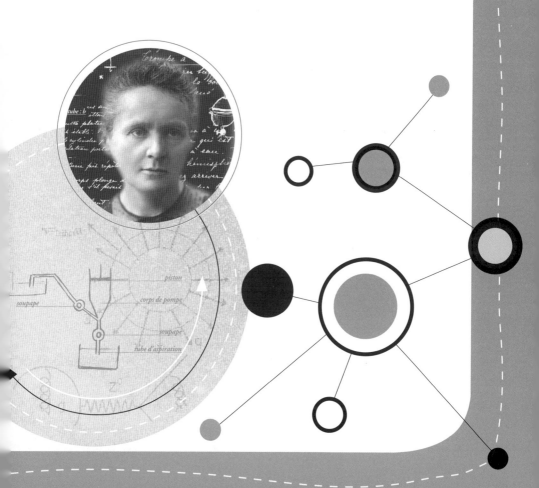

9

마지막 수업
원자력과 방사능

퀴리 부인은
조금 아쉬운 표정을 지으며
마지막 수업을 시작했다.

퀴리 부인이 마지막 수업을 시작했다. 학생들은 퀴리 부인의 수업을 더 이상 들을 수 없게 되는 것을 아쉬워하는 표정이었다.

오늘은 원자 폭탄이나 원자력 발전에서 나오는 방사선에 대해 알아보겠습니다. 그러기 위해서는 우선 원자 폭탄과 원자력 발전의 원리에 대해 조금 알 필요가 있습니다.

우라늄의 동위 원소 중에 우라늄−235라는 원소가 있습니다. 이 원소를 중성자로 때리면 원자 번호 38번 스트론튬−94와 원자 번호 54번 크세논−140이라는 2개의 원자핵으로 갈라집니다. 그런데 이 반응은 신기한 반응입니다. 중성자 1개가 우라늄−235를 때리면 2개의 중성자가 튀어나오지요. 즉, 다음과 같습니다.

우라늄−235 + 중성자 → 스트론튬 + 크세논 + 중성자 2개

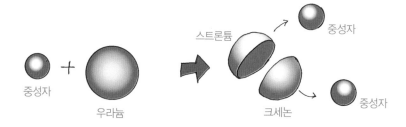

이 반응을 핵분열이라고 하는데 이때 열이 발생합니다. 하지만 이 반응에서 나오는 열에너지는 그리 크지 않습니다. 그러면 어떻게 이 반응에서 아주 큰 에너지를 얻을 수 있을까요?

비유를 통해 생각해 보죠. 이메일을 받으면 반드시 두 사람에게 이메일을 보내야 한다고 합시다. 처음 이메일을 받은 사람이 철수라고 하면, 철수는 이메일을 받자마자 미나와 영희에게 이메일을 보냅니다. 미나는 두 명에게 이메일을 보내야 하므로 병태와 태호에게 이메일을 보냈고, 영희도 두 명

에게 이메일을 보내야 하므로 규찬이와 기혁이에게 이메일을 보냅니다. 이것을 그림으로 그리면 다음과 같지요.

두 단계 후에 이메일을 받은 사람은 네 명이 되고, 다시 네 명 각각이 두 명씩에게 이메일을 보내야 하므로 3단계 후 이메일을 받은 사람은 8명이 됩니다. 그 다음 단계에는 16명, 그 다음 단계에는 32명, 이런 식으로 단계가 계속될수록 이메일을 받는 사람의 수는 급격하게 증가합니다.

이런 식으로 우라늄의 핵분열을 생각할 수 있습니다. 중성자 하나로 우라늄 핵을 둘로 쪼개면 2개의 중성자가 튀어나오고, 그 2개의 중성자는 다른 우라늄 핵을 쪼개면서 각각의 반응에서 중성자 두 개씩을 나오게 하므로, 튀어나온 중성자의 수는 4개가 됩니다. 우라늄이 핵분열을 할 때 나오는 에너지는 바로 이 원리로부터 나오는 것입니다.

우라늄을 중성자 1개로 때리면 2개의 중성자가 나옵니다. 우라늄 물질에는 아주 많은 우라늄 원자들이 있습니다. 예를 들어, 우라늄 1g에는 2,500,000,000,000,000,000,000개의 우라늄 원자가 있습니다.

그러므로 튀어나온 2개의 중성자는 다시 2개의 우라늄 핵을 쪼개러 날아갑니다. 그러니까 다음 반응이 일어나지요.

우라늄 2개 + 중성자 2개 → 스트론튬 2개 + 크세논 2개 + 중성자 4개

중성자가 4개가 되었군요. 이 4개의 중성자는 다시 4개의 우라늄 원자핵을 쪼개고 중성자 8개가 나옵니다. 그러니까 순간적으로 많은 우라늄 원자핵이 쪼개지면서 엄청난 에너지가 발생하게 되는데, 이것을 연쇄 핵분열이라고 합니다. 예를 들어, 우라늄 1g이 연쇄 핵분열을 할 때 발생하는 에너지는 500억 J 정도로 어마어마한 양입니다.

이러한 에너지를 순간적으로 발생시킨 것이 바로 원자 폭탄입니다.

그렇다면 원자 폭탄에서 방사선은 어떻게 나올까요? 우라

늄-235가 쪼개져 나온 스트론튬-94와 크세논-140이 바로 방사능을 가진 동위 원소들입니다. 이때 스트론튬과 크세논은 베타 방사선을 방출하면서 지르코늄과 세륨으로 바뀝니다.

이런 식으로 핵분열한 후 만들어지는 원자들이 방사선을 방출하게 되지요.

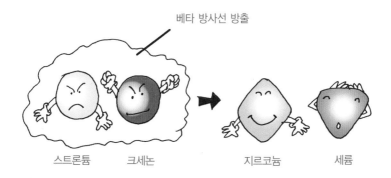

베타 방사선 방출

스트론튬   크세논   지르코늄   세륨

원자력 발전

그렇다면 연쇄 핵분열 반응을 천천히 일어나게 하여 그때 발생하는 열에너지로 발전을 할 수 있을까요? 그것이 바로 원자력 발전입니다.

따라서 원자력 발전을 위해서는 연쇄 핵분열을 천천히 진

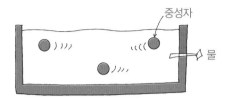

중성자

물

행하는 도우미가 필요합니다. 그 도우미는 바로 물입니다. 물속에서는 중성자가 천천히 움직이기 때문이지요. 이렇게 중성자의 속도를 느리게 하는 물질을 감속재라고 합니다.

하지만 중성자의 속도가 느려진다 해도 연쇄 핵분열이 일어나므로 튀어나온 중성자들을 막는 장치가 있어야 할 것입니다.

감속재를 통해 핵분열이 느려지는 것은 이메일 대신 편지를 보내는 경우로 비유할 수 있습니다. 1통의 편지를 받으면 반드시 2통의 편지를 보내야 한다고 합시다. 이메일은 전파의 속도로 이동하기 때문에 순식간에 메일이 다른 사람들에게 전달되지만 편지는 집배원을 통해 이동하기 때문에 이메일에 비해 이동하는 속도가 느립니다. 하지만 이 경우도 각 단계를 거치면서 편지를 받는 사람의 수는 증가하지만, 이메일의 경우보다는 각 단계에서 편지를 받은 사람의 수는 훨씬 천천히 증가합니다.

이런 방식으로 우리는 감속재를 이용하여 핵분열의 속도를 늦추어 에너지가 천천히 나오게 할 수 있습니다. 그렇다면 핵분열을 중단시킬 수도 있을까요? 물론입니다. 원소들 중에는 중성자를 잘 흡수하는 성질을 가진 것들이 있습니다. 대표적인 원소로는 카드뮴과 붕소가 있지요. 그러므로 원자로에서 연쇄 핵분열을 멈추게 하기 위해서는 카드뮴이나 붕소로 제어봉을 만들어 튀어나온 중성자들을 흡수하면 되지요.

수소 핵융합

이번에는 핵융합 에너지에 대해 알아보겠습니다. 핵분열은 하나의 핵이 2개의 핵으로 쪼개지는 반응입니다. 핵융합은 반대로 2개의 핵이 달라붙어 하나의 핵이 되는 과정입니다. 따라서 핵분열이 무거운 원자들이 살을 빼는 과정이라면 핵융합은 가벼운 원자들이 하나가 되어 무거운 원자가 되려는 과정이지요.

가장 가벼운 원자는 무엇이죠?

__수소입니다.

그러므로 핵융합의 재료는 바로 수소입니다. 첫 번째 핵융합 과정은 2개의 수소핵이 달라붙는 과정입니다.

　물론 이 과정은 아주 높은 온도에서 이루어집니다. 수소의 핵융합 과정은 먼저 두 양성자가 달라붙는 과정입니다.

　그럼 양성자 2개로 이루어진 핵이 되지요? 이때 양성자 하나가 중성자로 변하는 베타 반응의 역반응이 일어납니다. 베타 반응은 중성자가 양성자로 변하는 반응이므로 역반응은 양성자가 중성자로 변하는 과정이지요. 이 반응을 거치면 양성자와 중성자로 이루어진 원자핵이 만들어지는데, 이것은 수소의 동위 원소가 됩니다. 양성자와 중성자의 무게가 비슷하므로 이 동위 원소는 수소보다 2배 무거운데, 이것을 중수소라고 합니다. 즉, 수소 2개가 핵융합을 하여 중수소핵을 만들지요. 이 과정에서 엄청난 에너지가 발생하는데 이것을 핵융합 에너지라고 합니다.

　이렇게 만들어진 중수소핵들은 다시 자신들끼리 달라붙어 더 무거워지려고 합니다.

그러면 양성자 2개와 중성자 2개로 이루어진 헬륨의 핵이 만들어지지요. 물론 이 과정에서도 엄청난 핵융합 에너지가 발생합니다. 이런 식으로 아주 높은 온도에서는 가벼운 핵들이 융합하여 무거운 핵을 만드는 일이 계속됩니다. 그로 인해 상상할 수 없는 에너지가 발생하지요. 물론 이것을 폭탄에 이용하면 어마어마한 파괴력을 가지게 되는데 그것이 바로 수소 폭탄입니다. 하지만 이 에너지를 천천히 사용하면 엄청난 양의 전기를 만들 수 있지요. 이것이 핵융합 발전입니다.

만화로 본문 읽기

선생님, 원자력은 나쁜 것 같아요. 무서운 원자 폭탄을 만들잖아요.

꼭 그렇지만은 않아요.

핵분열이 일어날 때 발생하는 에너지로 원자 폭탄을 만들 수도 있지만 다른 한편으로는 원자력 발전을 하기도 해요.

어떻게 폭탄이 되기도 하고 발전을 하기도 하죠?

연쇄 핵분열을 통해 순간적으로 많은 우라늄 원자핵이 쪼개지면서 엄청난 에너지가 발생하게 되는데, 이 반응이 바로 원자 폭탄이죠.

중성자

중성자

중성자

원자력 발전은 연쇄 핵분열을 천천히 진행시켜 발생하는 열에너지를 이용하는 거예요. 이때 물을 이용하여 중성자의 속도를 감소시킬 수 있는데, 이를 감속재라고 하죠.

중성자

물

하지만 중성자의 속도가 느려져도 연쇄 핵분열이 일어나니까 원자로에서 카드뮴이나 붕소로 제어봉을 만들어 중성자들을 흡수하여 연쇄 핵분열을 막지요.

핵분열은 핵이 쪼개지는 반응이잖아요. 그러면 반대의 경우도 있나요?

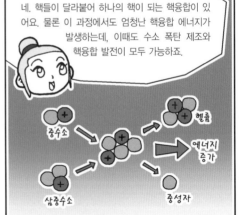

네. 핵들이 달라붙어 하나의 핵이 되는 핵융합이 있어요. 물론 이 과정에서도 엄청난 핵융합 에너지가 발생하는데, 이때도 수소 폭탄 제조와 핵융합 발전이 모두 가능하죠.

중수소

삼중수소

헬륨

에너지 증가

중성자

방사선으로부터 지구를 지켜라

이 글은 저자가 창작한 과학 동화입니다.

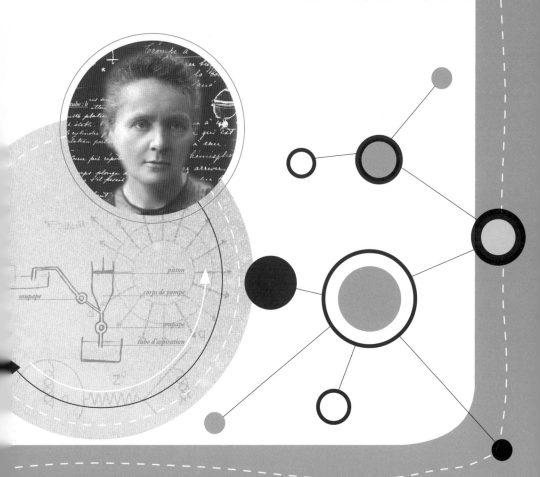

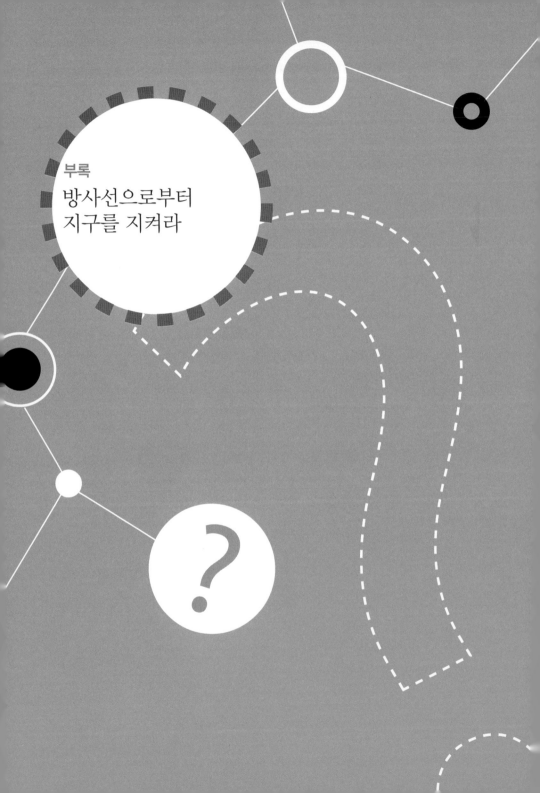

부록
방사선으로부터
지구를 지켜라

'일라드'라는 아주 평화로운 마을이 있었습니다.

　이 마을은 사방이 산으로 둘러싸여 있고 조그만 실개천이 마을 중심으로 흐르는 조용한 마을입니다. 마을 사람들은 농사일을 하며 살고, 아이들은 실개천에서 수영을 하거나 물고기를 잡으면서 놀았습니다.

　일라드는 워낙 조용한 마을이어서 마을 사람들의 성품은 매우 착했습니다. 마을에서 가장 나이가 많은 로더 씨가 이 마을의 이장을 맡고 있었습니다.

걱정거리가 전혀 없을 것 같은 평화로운 일라드 마을에도 단 한 가지 걱정거리가 있었습니다. 이 마을이 워낙 촌이다 보니 마을에 하나뿐인 학교에서 아이들을 가르칠 선생님을 구할 수 없었던 거지요.

조그만 학교에서 아이들이 공부하는 모습을 보면서 흐뭇해 했던 마을 사람들은, 아이들을 가르칠 사람이 없어 초등학교에 갈 나이임에도 하루 종일 뛰어놀거나 부모님을 도와 농사일을 하는 아이들을 보면서 시름에 잠겼습니다. 로더 이장은 이 문제를 논의하기 위해 마을 사람들을 모았습니다.

"아이들에게 선생님이 필요합니다."

로더 이장이 먼저 말을 꺼냈습니다.

"누가 이 시골 학교에 오겠습니까?"

마을에서 가장 힘이 센 포시브 씨가 불만 섞인 목소리로 말했습니다.

"그냥 농사나 배우게 하면 안 될까요?"

작년에 남편이 죽고 여덟 살 난 남자아이 로린을 데리고 살고 있는 켈린 부인이 말했습니다.

"그럴 순 없어요. 앞으로는 농사일을 하더라도 과학을 알아야 합니다. 그래야 생산성도 높일 수 있고 다른 마을과의 경쟁에서도 이길 수 있어요."

로더 이장이 강한 어조로 말했습니다.

"우리 중에서 선생님을 뽑죠."

마을에서 가장 젊은 허드슨 씨가 제안했습니다.

잠시 침묵이 흘렀습니다. 아이들을 가르칠 만한 능력을 가진 사람이 아무도 없었기 때문이지요. 모두들 서로의 얼굴만 물끄러미 쳐다보고 있었습니다.

"이웃 마을에 천재 소녀 꾸리 양을 선생님으로 모시면 어떨까요?"

허드슨 씨가 다시 제안했습니다. 꾸리 양은 열다섯 살이지만 과학과 수학에 관해서는 모르는 게 없는 천재 소녀입니다.

"그게 좋겠군."

"그런데 꾸리 양이 오려고 할까?"

"오게 해야지."

사람들이 웅성거리기 시작했습니다.

"좋습니다. 제가 꾸리 양의 부모님을 만나 사정해 보겠습니다. 하지만 꾸리 양의 월급은 우리들이 일을 해서 마련해야합니다. 내가 알기론 꾸리 양의 집안이 그리 넉넉지 않아 대학 등록금을 마련하기가 쉽지 않을 거라고 들었습니다. 그러니까 우리가 꾸리 양에게 아르바이트를 시킨다고 생각하면되는 거죠."

로더 이장이 결론을 내렸습니다. 회의는 끝났습니다. 이제로더 이장이 꾸리 양의 부모에게 사정하는 일만 남아 있습니다. 로더 이장은 지체 없이 읍내로 나가 꾸리 양의 부모를 만나 자초지종을 얘기했습니다. 꾸리 양의 부모는 마치 기다렸다는 듯이 그 제안을 받아들였습니다. 그리하여 꾸리 양이일라드 마을의 선생님이 되었습니다.

꾸리 양은 학교에 모인 아이들에게 아주 재미있게 과학을 가르쳤습니다. 아이들도 꾸리 양 덕분에 과학을 점점 더 좋아하게 되었습니다. 마을 사람들은 아이들이 공부하는 모습을 보며 즐거워했습니다.

과학 소녀 꾸리 양은 마을의 모든 것을 변화시켰습니다. 예를 들어, 거대한 날개가 달린 풍차를 집집마다 설치하게 하

였습니다. 처음에는 영문을 모르던 마을 사람들이 풍차를 돌려서 얻은 전기를 공짜로 사용하게 되자 모두 신이 났습니다. 전기 사정이 그리 좋지 않았던 일라드 마을은 풍차가 만든 전기 덕분에 한밤중에도 거리 곳곳이 백열등으로 환해졌습니다.

꾸리 양은 수업이 없을 때에는 작업실에서 항상 무언가를 만들고 있었습니다. 꾸리 양을 친누나처럼 따라다니는 삐엘이 물었습니다.

"꾸리 선생님! 무엇을 만드시죠?"

"이건 X선 발생 장치야. 방전관에 높은 전압을 걸어서 나온 전자들이 알루미늄 막을 때리면 아주 에너지가 큰 빛이 나

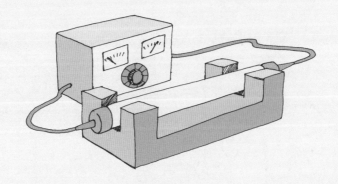

오지. 그게 바로 X선이야. X선은 우리 눈에는 보이지 않는 빛이야."

꾸리 양은 삐엘에게 X선 발생 장치를 보여 주었습니다.

그때 누군가 허겁지겁 작업실로 뛰어들어 왔습니다.

"선생님, 꾸리 선생님! 큰일 났어요."

에밀이 숨을 헐떡거리며 말했습니다.

"무슨 일이지?"

꾸리 양이 물었습니다. 그러자 에밀이 말했습니다.

"로더 이장님이 경찰서에 끌려갔어요."

"이장님이 왜?"

삐엘이 놀라 소리쳤습니다.

"이웃마을 파티에 참석했다가 그 집의 금반지를 훔쳤다고

해요. 아마도 누명을 쓰신 것 같아요."

에밀이 말했습니다.

꾸리 양은 서둘러 경찰서로 갔습니다. 그리고 경찰에게 말했습니다.

"저는 일라드 마을에서 아이들을 가르치는 선생입니다. 사건에 대해 자세히 알고 싶습니다."

경찰은 어린 꾸리 양이 선생이라는 것을 믿지 못하는 표정이었습니다. 하지만 꾸리 양이 나이답지 않게 매우 조리 있게 말하는 통에 경찰은 어쩔 수 없이 사건 내용을 꾸리 양에게 설명했습니다.

"로더 씨는 하고르 씨가 초대한 파티에 참석했습니다. 파티에 참석한 사람은 하고르 씨와 그의 아내, 그리고 두 아들뿐이었습니다. 하고르 씨는 파티 중에 최근에 아내를 위해 구입한 금반지를 로더 씨에게 보여 주었지요. 여느 금반지와 달리 너무나 예뻐 로더 씨는 한번 만져 보겠다고 했고, 그 이후에 금반지가 사라졌어요. 물론 파티 중에 다른 손님은 없었고요. 그렇다면 금반지는 분명 로더 씨가 훔친 것 아닌가요?"

"하지만 증거가 없지 않습니까?"

꾸리 양이 반문했습니다.

"우리 경찰들이 현장을 수색하고 있어요. 곧 로더 씨가 숨긴 금반지를 찾을 수 있을 겁니다."

경찰이 말했습니다.

"저에게 범인을 찾을 수 있는 방법이 있어요. 저와 현장에 같이 가 주시겠어요?"

경찰은 처음에는 선뜻 내키지 않는 표정을 짓다가 꾸리 양의 거듭된 부탁으로 사건 현장인 하고르 씨의 집으로 갔습니다. 현장에는 파티에 참석했던 하고르 씨의 가족들이 모두 모여 있었습니다.

"이 집에서 제일 어두운 곳이 어디죠?"

꾸리 양이 물었습니다.

"지하에 암실이 있어요."

하고르 씨의 부인이 대답했습니다.

"그럼 지금부터 한 분씩 암실로 들어오세요."

꾸리 양은 암실로 들어가 X선 발생 장치와 필름을 준비했습니다. 그리고 한 사람씩 X선을 쪼였습니다. 하고르 씨의 네 가족을 X선으로 찍은 사진에서는 어떠한 단서도 찾을 수 없었습니다.

"혹시 그날 파티에 있었던 다른 사람은 없나요?"

꾸리 양이 물었습니다.

"우리뿐이었어요."

하고르 씨의 큰아들이 대답했습니다. 그때 뚱뚱한 30대 여
자가 꾸리 양과 경찰을 보고는 집 뒤로 숨었습니다.

"저 여자는 누구죠?"

꾸리 양이 물었습니다.

"우리 집 가정부 페티입니다."

하고르 씨의 아내가 말했습니다.

"그럼 그날 파티에도 있었겠군요."

꾸리 양이 페티를 날카롭게 쳐다보며 물었습니다.

"물론이지요. 식당에서 음식도 만들고 정원에 설치된 테이
블로 음식을 나르기도 했지요."

하고르 씨의 아내가 대답했습니다.

"페티를 암실로 보내세요."

꾸리 양이 말했습니다. 경찰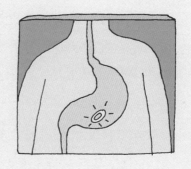
은 페티를 암실로 데리고 갔습
니다. 꾸리 양은 X선 발생 장
치와 필름 사이에 페티를 세우
고 X선을 쪼였습니다. 잠시 후

페티의 위에 동그란 물체가 있는 사진이 나타났습니다.

"이것은 페티의 위를 X선으로 찍은 사진입니다. X선은 단
단한 금은 통과하지 못하고 다른 부분들은 통과하는 투과력
이 있기 때문에 X선을 이용하면 뱃속의 금반지 모습을 볼 수
있지요. 이 동그란 물체를 잘 보시기 바랍니다. 하고르 씨가
잃어버린 금반지이지요? 그러므로 하고르 씨의 금반지를 훔
친 범인은 바로 페티입니다."

꾸리 양이 설명했습니다. 페티는 그 자리에 주저앉아 자신
의 범죄 사실을 실토했습니다. 이리하여 하고르 씨 집 금반
지를 훔친 도둑이 붙잡혔습니다. 물론 로더 이장은 무죄로
풀려났지요. 이 사건으로 꾸리 양의 천재적인 과학 능력은
많은 사람들에게 알려지게 되었습니다.

마을에는 다시 평화가 찾아왔고, 꾸리 양은 여전히 아이들
에게 과학을 가르치고 있었습니다.

그러던 어느 날 갑자기 마을 북쪽 산으로 낯선 트럭들이 몰려들기 시작했습니다. 그곳은 마을로 흐르는 실개천의 상류였습니다. 그리고 무언가 건물을 짓는 요란한 소리가 들려오기 시작했습니다.

　　꾸리 양은 로더 이장에게 찾아가 물었습니다.

　　"이장님, 무슨 공사죠?"

　　"비행기 공장을 짓고 있다는군."

　　로더 이장은 대수롭지 않은 듯 말했습니다. 하지만 꾸리 양은 깊은 생각에 빠져들었습니다.

　　"비행기 공장? 이런 시골에 웬 비행기 공장이지?"

　　꾸리 양은 도무지 이유를 알 수 없었습니다.

　　다음 날부터 마을에는 이상한 일들이 벌어지기 시작했습니

다. 실개천을 헤엄쳐 다니던 물고기들이 떼죽음을 당한 것이었습니다. 아이들의 실망은 말로 표현할 수 없는 상황이었습니다.

그뿐만이 아니었습니다. 갑자기 마을에 기침을 심하게 하는 사람들이 늘어났습니다. 꾸리 양은 기침이 너무 심해 농사도 짓지 못하는 세비오 아줌마의 집에 들렀습니다.

"아줌마, 괜찮으세요?"

꾸리 양이 걱정스레 물었습니다.

"콜록……콜록……, 음……말……이…….."

세비오 아줌마는 심한 기침 때문에 말을 제대로 할 수 없을 정도였습니다. 결국 꾸리 양은 세비오 아줌마의 집을 나왔습

니다.

"가만, 아줌마의 논은 비행기 공장에서 제일 가깝잖아? 그리고 기침이 심한 다른 사람들의 논도 공장 쪽에 있어. 그렇다면 마을 사람들의 기침과 비행기 공장과 무슨 관계가 있을 텐데……."

꾸리 양은 고민에 빠졌습니다. 물고기의 떼죽음, 세비오 아줌마의 기침과 비행기 공장 사이의 정확한 관계를 찾을 수 없었기 때문이었습니다.

꾸리 양은 먼저 물고기의 떼죽음에 대해 조사하기로 했습니다. 그리고 물고기들이 죽은 개천의 물 한 컵을 떴습니다. 그리고 이웃 마을로 가서 물고기들이 헤엄치고 있는 개천의 물을 같은 크기의 컵으로 떴습니다. 그리고 두 물의 무게를 양팔 저울로 비교했습니다.

"우리 개천의 물이 더 무거워."

꾸리 양이 놀란 눈으로 소리쳤습니다. 그때 옆에 있던 삐엘이 물었습니다.

"물은 부피가 같으면 무게가 같은 거 아닌가요?"

"물론이야. 그렇다면 우리 개천의 물은 무거운 물인 중수나

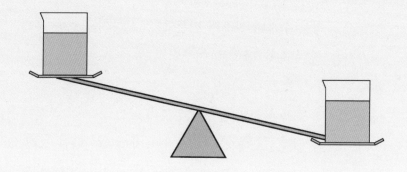

삼중수일 거야."

"그게 뭐죠?"

"물은 수소와 산소로 이루어져 있어. 수소의 원자핵은 양성
자 1개로만 이루어져 있지. 그런데 수소 중에는 원자핵이 양
성자와 중성자로 이루어진 것이 있거든. 이때 양성자 1개와
중성자 1개로 이루어지면 보통의 수소보다 2배로 무거워지
는데 그걸 중수소라고 하고, 양성자 1개와 중성자 2개로 이
루어져 있으면 3배 무거워지는데 그것을 삼중수소라고 하지.

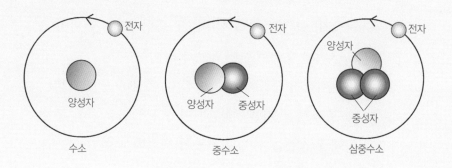

이렇게 무거운 수소와 산소가 만든 물은 보통의 물보다 무거워지거든. 중수소와 산소로 이루어진 물을 중수라고 하고, 삼중수소와 산소로 이루어진 물을 삼중수라고 하지.”

“무거워진 물을 마시면 물고기가 죽나요?”

“중수소와 삼중수소에서는 치명적인 방사선이 나와. 사람이 삼중수소를 먹으면 30초 안에 죽게 될 거야. 그러니까 물고기가 죽은 건 당연한 거지. 삐엘, 당장 이장님에게 달려가서 마을 사람들에게 개천 물을 먹지 못하게 해!”

꾸리 양이 명령했습니다. 삐엘은 이장님에게 쏜살같이 달려가 꾸리 양의 말을 전했습니다. 이제 마을 사람들은 개천의 물을 마실 수 없게 되었습니다.

꾸리 양은 비행기 공장에서 중수소와 삼중수소가 나온다는 것을 도무지 이해할 수 없었습니다.

“중수소와 삼중수소는 핵융합에 쓰이는 원소들이야. 중수소와 삼중수소가 결합해 헬륨을 만들면서 엄청난 핵융합 에너지가 나오지. 그 에너지를 한꺼번에 뿜어낸다면 어마어마한 파괴력을 지닌 수소 폭탄이 되는데…….”

꾸리 양은 비행기 공장에 대해 점점 더 의심이 들었습니다.

그날 밤 꾸리 양은 삐엘, 에밀과 함께 뒷산으로 가서 공사 현장을 몰래 관찰했습니다. 인부들이 트럭에서 어떤 덩어리

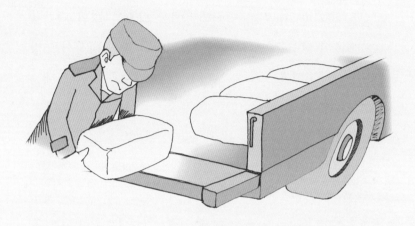

를 내려놓았습니다. 그것은 깜깜한 밤에도 푸르스름하게 빛을 내는 물질이었습니다.

"가만, 저건 라듐이야."

꾸리 양이 나직이 말했습니다.

"그게 뭐죠?"

에밀이 조용히 물었습니다.

"퀴리 부인이 발견한 방사성 원소야. 어둠 속에서도 밝은 푸른빛을 띠기 때문에 야광 시계를 만드는 데 쓰이지. 라듐이 암세포를 파괴하기도 하기 때문에 라듐을 이용하여 암이나 피부병을 치료하기도 해."

"그렇다면 라듐은 위험하지 않군요."

"그렇지 않아. 지금 얘기한 건 적은 양의 라듐을 사용하는 경우야. 하지만 지금 저 덩어리들에서 나오는 빛의 밝기로 보면 어마어마한 양임에 틀림없어. 라듐은 알파 방사선을 방출하면서 라돈이라는 눈에 보이지 않는 기체를 만들어 내는데, 그게 무지무지하게 위험하지."

"얼마나 위험하죠?"

"라돈은 사람의 폐를 망가뜨려 폐암에 걸리게 할 수 있는 독가스야."

"세비오 아줌마가 기침이 심해진 것도 그 이유인가요?"

"그런 것 같아. 아무튼 저 공장은 수상한 데가 한두 가지가 아니야. 무슨 비행기 공장에 라듐과 같은 방사성 원소가 필요하지? 도저히 이해가 안 돼."

꾸리 양은 고개를 흔들었습니다.

"라듐으로 만든 라돈 가스를 모아 무기로 사용한다면 끔찍하겠군요."

에밀이 말했습니다.

"맞아. 내가 왜 그 생각을 못했지? 저 공장은 비행기 공장이 아니야. 무시무시한 방사능 무기를 만들고 있는 게 틀림없어. 도대체 무슨 일을 벌이고 있는 거지?"

다시 꾸리 양의 머릿속이 복잡해졌습니다. 두 사람은 일단 마을로 돌아가기로 했습니다.

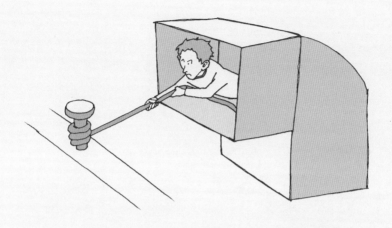

　다음 날 아침 꾸리 양은 에밀, 삐엘과 함께 공장으로 침투하여 그들이 어떤 일을 벌이는지 알아내기로 했습니다. 세 사람은 납으로 특별히 만든 옷으로 갈아입었습니다. 공장 안에서 나올지 모르는 강한 방사선을 막기 위해서였습니다.

　세 사람은 공장 지붕 위에 있는 환기통에 줄을 매달아 공장 안으로 들어갔습니다. 세 사람이 천장에서 줄을 타고 내려오는 것을 아무도 눈치채지 못했습니다. 공장 안에는 많은 사람들이 무언가를 열심히 조립하고 있었습니다. 그때 에밀이 조용히 말했습니다.

　"이상해요. 공장에서 일하는 사람들이 모두 군복을 입고 있어요."

　에밀의 말에 꾸리 양과 삐엘도 아래를 내려다보았습니다.

정말 모든 사람들이 군복을 입고 총을 메고 작업을 하고 있었습니다. 그중에서 대장으로 보이는 한 사람이 모든 군인에게 지시를 하고 있었습니다.

"가만, 저기 무슨 표어 같은 게 씌어 있어. 근데 글자가 잘 보이지 않는군."

꾸리 양이 벽에 걸린 표어를 가리키며 말했습니다. 밧줄에 매달린 세 사람은 밧줄을 반동시켜 벽으로 가까이 다가가려 했습니다. 마치 그네를 타는 것처럼 줄이 벽 쪽으로 움직였습니다. 벽에는 '세계를 방사능으로 오염시키자!'라고 씌어 있었습니다.

"테러리스트들이야. 방사능을 이용한 폭탄을 만들고 있어.

지난 번 삼중 수소의 방출로 보아 수소 폭탄을 만들고 있는
것 같아.”

꾸리 양이 말했습니다. 그 순간 갑자기 밧줄이 끊어지면서
세 사람은 바닥으로 떨어졌습니다.

세 사람은 대장으로 보이는 사람 앞에 떨어졌습니다.

“너희들은 누구냐?”

대장이 물었습니다.

“아저씨들은 폭탄을 만들어 세계를 파괴하려고 하죠? 그건
너무나 잔인한 일이에요.”

에밀이 긴장된 목소리로 말했습니다.

“셋을 모두 방에 가둬라.”

대장이 명령했습니다. 그리하여 세 사람은 조그만 방에 갇

히게 되었습니다.

"저들을 막아야 해. 그렇지 않으면 지구가 수소 폭탄으로 박살이 나게 될 거야."

꾸리 양이 주먹을 불끈 쥐며 말했습니다.

"하지만 여기를 어떻게 빠져나가죠?"

에밀이 물었습니다.

"전기를 이용하자."

꾸리 양이 빙그레 미소를 지으며 말했습니다. 꾸리 양은 양 손에 전기가 통하지 않는 절연 장갑을 끼고 콘센트 함을 뜯어 내어 2개의 전선을 들어냈습니다.

"삐엘! 배가 아픈 척해 봐."

꾸리 양의 말이 끝나기 무섭게 삐엘은 배를 잡고 데굴데굴

구르면서 아프다고 소리쳤습니다. 물론 연기였지요. 그 소리를 듣고 군복을 입은 사내가 왔습니다. 그는 창으로 방 안을 들여다보더니 말했습니다.

"무슨 일이지?"

삐엘은 데굴데굴 구르며 아픔을 호소했습니다. 그는 방문을 열고 안으로 들어왔습니다. 순간 꾸리 양은 양손에 들고 있던 2가닥의 전선을 그 사람의 몸에 갖다 대었습니다. 그러자 그 사람의 몸에 전기가 흐르더니 그 자리에서 쓰러졌습니다.

"성공이야. 에밀과 삐엘은 여기를 나가는 즉시 밧줄을 타고 탈출해서 경찰에 연락해."

꾸리 양이 미소를 지으며 말했습니다.

"선생님은 같이 안 가세요?"

에밀과 삐엘이 동시에 물었습니다.

"나는 군복을 갈아입고 이들이 수소 폭탄을 발사하는 걸 막아야 해."

꾸리 양이 말했습니다. 에밀과 삐엘이 탈출하는 동안 꾸리 양은 긴 머리를 모자 속으로 밀어 넣고 쓰러진 사내의 군복으로 갈아입었습니다. 군복으로 위장한 꾸리 양은 공장을 마음대로 돌아다닐 수 있었습니다. 공장 중앙에서 대장이 군사들을 모두 모아놓고 연설을 하고 있었습니다.

"이제 5분 후 수소 폭탄을 발사할 것이다. 이 수소 폭탄에는 코발트-59 탄두와 라듐 탄두가 붙어 있다. 수소 폭탄이 터지는 순간 코발트-59 탄두는 코발트-60으로 변하면서 엄청난 방사선을 내뿜을 것이며, 라듐 탄두는 라돈으로 바뀌면서 사람들의 폐를 자극하게 될 것이다. 이제 우리가 세계를 지배할 날이 가까이 왔다."

대장이 강경한 어조로 말했습니다.

"5분이면 너무 짧아. 어떡하지?"

꾸리 양의 가슴이 뛰기 시작했습니다.

대장은 리모컨의 스위치를 눌렀습니다. 공장의 천장이 스르르 열리면서 지하에서 거대한 미사일이 고개를 들고 나타났습니다. 대장이 흰 가운을 입은 노인에게 말했습니다.

"박사! 우라늄-235를 가지고 오라고 하시오."

"알겠습니다."

박사는 무전기로 어디론가 연락을 하고 있었습니다.

'맞아! 수소 폭탄은 우라늄-235가 필요하지?'

꾸리 양은 무슨 생각이 들었는지 갑자기 어디론가 뛰어갔습니다. 다행히 대장과 다른 군인들은 꾸리 양의 행동을 눈치채지 못했습니다. 꾸리 양이 달려간 곳은 우라늄-235가 저장된 곳이었습니다.

꾸리 양이 그 방으로 들어가자 마침 군인 한 명이 두 손에 무언가를 들고 밖으로 나서고 있었습니다.

"우라늄-235인가?"

꾸리 양이 물었습니다.

"그런 건 잘 몰라요. 박사님이 가지고 오라고 해서……."

군인이 존댓말로 대답했습니다. 꾸리 양이 입은 옷의 계급이 더 높았기 때문이지요.

"그게 무슨 우라늄-235인가? 그런 것도 제대로 못 찾나?"

꾸리 양이 호통을 쳤습니다. 꾸리 양과 군인은 다시 방으로 들어갔습니다. 꾸리 양은 우라늄-238이라고 적힌 것을 가리키며 말했습니다.

"저걸 가지고 가게."

"알겠습니다."

이렇게 해서 군인은 우라늄-235 대신 우라늄-238을 가지고 갔습니다.

군인은 우라늄-238을 들고 미사일에 장전할 준비를 하고 있었습니다. 그때 대장이 말했습니다.

"우라늄 장전!"

군인은 우라늄 덩어리를 미사일 뒤에 장전하고 뚜껑을 달아 고정시켰습니다.

"이제 모든 것이 끝났군!"

대장은 이제 안심이 된다는 듯 중얼거렸습니다.

"이제 지구는 파괴되고 우리의 시대가 올 것이다."

대장이 소리쳤습니다. 모든 군인들이 '대장 만세'를 외쳤습니다.

쓰리, 투, 원, 제로!

대장이 수소 폭탄을 실은 미사일 발사 버튼을 눌렀습니다. 육중한 미사일이 공중으로 날아올랐습니다.

그제야 경찰들을 데리고 공장 앞에 도착한 에밀과 삐엘은 공장에서 하늘로 날아오르는 거대한 미사일을 볼 수 있었습

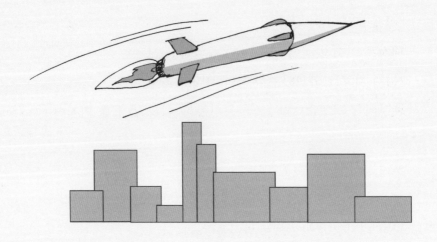

니다.

"한발 늦었어요. 수소 폭탄이 이미 날아가 버렸다고요!"

에밀이 낙담한 표정으로 말했습니다.

경찰들은 지구 공동 방위대에 연락하여 수소 폭탄 낙하 지점의 주민들을 대피시키라고 했습니다. 그리고 공장 안으로 들어가 테러범들을 붙잡았습니다.

"지구는 파괴된다!"

테러 집단의 대장은 붙잡힌 상태에서도 큰 소리로 떠들었습니다. 모든 나라의 사람들이 갑자기 방송되는 세계 공통 뉴스에

귀를 기울였습니다.

"세계 모든 나라 사람들에게 비극적인 얘기를 전하게 되어 유감입니다."

아나운서가 울먹거리면서 방송을 시작했습니다. 지구상의 모든 사람들이 하던 일을 모두 멈추고 불안해하며 가까이에 있는 TV 앞으로 몰려들었습니다. 그리고 아나운서의 말이 이어졌습니다.

"지금 날아가고 있는 수소 폭탄은 일라드 마을에서 지구 테러범들이 쏘아올린 것입니다. 지금 이 수소 폭탄은 아시아 대륙의 한복판을 향해 날아가고 있습니다. 잠시 후 이 폭탄이 터지면 거대한 핵융합 에너지로 지구의 거의 대부분의 바다에서 거대한 해일이 일게 되고 이로 인해 지구는 파괴될 것입니다. 모두들 지구에서의 마지막을 준비할 시간입니다."

아나운서는 울먹거리면서 방송을 마쳤습니다. 모든 사람들이 TV 앞에서 눈물을 흘렸습니다. 일부는 이리저리 분주하게 돌아다녀 보았지만 수소 폭탄의 파괴력이 너무 엄청나서 도망친다는 것이 큰 의미

가 없어 보였습니다. 이제 지구의 역사가 멈출 순간이었지요.

드디어 요란한 굉음을 내며 수소 폭탄이 인도 북부에 떨어졌습니다.

세계의 모든 사람들은 눈을 감았습니다. 처참한 장면을 차마 볼 수 없었기 때문이지요. 하지만 수소 폭탄은 터지지 않았습니다. 그 순간 다시 방송이 시작되었습니다.

"기뻐해 주십시오. 수소 폭탄이 터지지 않았습니다. 지구는 다시 평화롭게 살 수 있게 되었습니다."

세계의 모든 사람들은 일제히 환호성을 질렀습니다. 다시 TV 뉴스가 시작되었습니다.

"여러분, 일라드 마을의 천재 과학자 꾸리 양이 수소 폭탄이 터지는 것을 막았다고 합니다. 잠시 꾸리 양과 인터뷰를 해 보겠습니다."

아나운서의 말이 끝나자 리포터와 꾸리 양의 인터뷰 장면이 TV 화면에 나타났습니다.

"어떻게 수소 폭탄이 터지는 것을 막았지요?"

아나운서가 물었습니다.

"저는 공장으로 침투하여 수소 폭탄의 점화 장치를 바꾸어 놓았습니다."

꾸리 양이 침착하게 말했습니다.

"그게 무슨 말이죠? 조금 자세히 말씀해 주시겠습니까?"

"수소 폭탄은 수소의 핵융합 에너지를 이용하는 매우 파괴적인 무기입니다. 즉, 수소핵들이 달라붙어 중성자핵을 만들고 다시 중성자핵들이 달라붙어 헬륨핵을 만드는 핵융합 반응에서 어마어마한 에너지가 발생하지요. 그건 지구를 파괴시킬 수 있을 만큼 거대한 에너지입니다."

그러자 리포터가 약간 놀란 눈으로 꾸리 양에게 물었습니다.

"결국 핵융합 반응이 안 일어난 건가요?"

"그렇습니다."

"왜죠?"

"핵융합이 일어나려면 엄청나게 온도가 높아야 합니다. 그 온도를 얻기 위해서 수소 폭탄에는 원자 폭탄이 사용되지요. 물론 원자 폭탄은 우라늄이 연쇄 핵분열해서 에너지가 발생하지요. 이 에너지가 온도를 높여 핵융합이 일어날 수 있는 환경을 만들게 되지요."

"이 폭탄에는 우라늄이 안 들어 있나요?"

리포터가 물었습니다.

"우라늄에는 핵분열을 일으키는 우라늄−235가 있고, 핵분열을 하지 않는 우라늄−238이 있습니다. 저는 공장으로 침투하여 우라늄−235를 우라늄−238로 바꿔치기했습니다. 그러니까 저 폭탄에서는 핵분열이 일어나지 않아 핵융합이 일어날 만한 높은 온도를 만들어 낼 수 없지요. 그래서 터지지 않은 것입니다."

꾸리 양이 미소를 띠며 말했습니다. 방송을 보던 세상 사람들은 지구를 구한 꾸리 양의 용기에 모두 박수를 보냈습니다. 그리고 '꾸리 양 만세'를 외쳤습니다.

용감한 천재 과학 소녀 꾸리 양 덕분에 지구는 파멸을 막을 수 있었습니다. 그해 꾸리 양은 스웨덴으로부터 연락을 받았습니다. 올해의 노벨 물리학상과 노벨 평화상 수상자로 결정되었기 때문이지요.

이렇게 하여 꾸리 양은 한 해에 두 개의 노벨상을 타는 최초의 과학자가 되었습니다. 지금 꾸리 양은 일라드 마을 공장 터에 지어진 일라드 과학 대학에서 아이들에게 물리를 가르치고 있습니다.

방사능 연구에 일생을 바친
마리 퀴리 Marie Sklodowska Curie, 1867~1934

  퀴리 부인은 폴란드에서 교사 부부의 막내딸로 태어났습니다. 어려서부터 똑똑했던 그녀는 고등학교를 우수한 성적으로 졸업하였습니다. 하지만 집안 형편이 어려워 부유한 시골 농가의 가정교사로 일하게 되었습니다. 집안 형편이 조금 나아지자 퀴리 부인은 프랑스 소르본 대학에 입학하여 공부를 다시 시작하였습니다. 소르본 대학에서 물리학과 수학 학위를 받은 퀴리 부인은 독학으로 과학자가 된 피에르 퀴리를 만나 결혼하게 됩니다.

  결혼 후 퀴리 부인은 박사 학위 논문 준비로 방사능에 관한 연구를 시작하였습니다. 우라늄 광산 폐기물을 가져와 연구하던 퀴리 부인은 폴로늄과 라듐을 발견하게 됩니다. 박사 학위를 받은 퀴리 부인은 방사능 원소의 발견으로 남편인 피에르 퀴리와 함께 노벨 물리학상을 수상하게 됩니다.

하지만 1906년 교통사고로 남편이 세상을 떠나자, 퀴리 부인은 남편을 대신하여 소르본 대학에서 학생들을 가르치게 되었습니다. 1911년 퀴리 부인은 순수한 우라늄을 정제한 공로로 노벨 화학상을 수상하게 됩니다. 퀴리 부인은 노벨상을 두 번이나 수상하고도 여자라는 이유로 화학 아카데미의 회원이 될 수 없었습니다.

퀴리 부인은 방사능에 대한 연구를 계속하다가 방사능으로 인한 백혈병에 걸려 세상을 떠났습니다. 마리가 세상을 떠난 후 마리의 업적을 기리기 위해 방사능 단위에 퀴리라는 이름을 사용하였고, 원자 번호 96번인 방사성 원소는 퀴리 부인의 이름을 본떠서 '퀴륨'이라고 지었습니다.

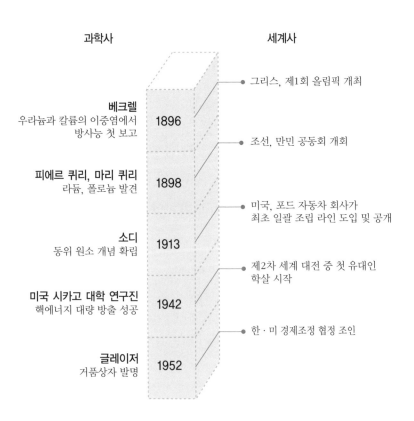

과 학 연 대 표
언제, 무슨 일이?

과학사

세계사

● 그리스, 제1회 올림픽 개최

베크렐
우라늄과 칼륨의 이중염에서
방사능 첫 보고

1896

● 조선, 만민 공동회 개회

피에르 퀴리, 마리 퀴리
라듐, 폴로늄 발견

1898

● 미국, 포드 자동차 회사가
최초 일괄 조립 라인 도입 및 공개

소디
동위 원소 개념 확립

1913

● 제2차 세계 대전 중 첫 유대인
학살 시작

미국 시카고 대학 연구진
핵에너지 대량 방출 성공

1942

● 한 · 미 경제조정 협정 조인

글레이저
거품상자 발명

1952

1. 기체를 넣어 여러 가지 색깔을 나타내는 방전관을 ☐☐☐☐ 이라고 합니다.

2. X선은 가시광선이 뚫지 못하는 물체를 뚫고 지나가는 방사능을 가지고 있으므로 ☐☐☐ 입니다.

3. 방사선은 ☐☐, ☐☐, ☐☐ 방사선의 세 종류가 있습니다.

4. 모든 물질은 ☐☐ 로 이루어져 있습니다.

5. 원래의 원자보다 중성자의 개수가 적거나 많은 원자를 그 원자에 대한 ☐☐ ☐☐ 라고 합니다.

6. 중성자가 양성자로 변하는 과정을 ☐☐ 반응이라고 합니다.

7. 방사선을 방출하면서 다른 원자핵으로 바뀌는 것을 ☐☐☐ ☐ ☐ 라고 합니다.

1. 네온사인 2. 방사선 3. 알파, 베타, 감마 4. 원자 5. 동위 원소 6. 베타 7. 방사성 붕괴

한국의 태양, KSTAR

　우리나라는 에너지의 97%를 수입에 의존하고 있으며, 주
수입 에너지원은 석유입니다. 그러나 석유는 온실 가스를 배
출시켜 지구 온난화를 일으키는 문제점이 있습니다. 그래서
가장 이상적인 에너지원으로 각광을 받는 것이 핵융합 발전
입니다.

　핵융합 발전이란 아주 높은 온도의 플라스마 상태에서 가
벼운 원자핵들이 달라붙어 무거운 원자핵으로 바뀌면서, 이
과정에서 감소된 질량이 엄청난 에너지로 바뀌는 성질을 이
용해 발전하는 방식입니다. 이것은 태양이 열과 빛을 방출하
는 원리와 같습니다.

　국제 사회는 2004년부터 한국, EU, 일본, 러시아, 미국, 중
국, 인도의 연구 결과를 모아 프랑스 카다라슈에서 핵융합 발
전의 실험로를 만들었습니다. 이 계획이 ITER(International

Thermonuclear Experimental Reactor : 국제 핵융합 실험로) 계획입니다. ITER는 라틴어로 '길'이라는 뜻입니다. 이 계획은 7개국이 자금을 나누어 500MW급 국제 핵융합로를 건설하는 것이 목적입니다. 이 ITER의 원형이 되는 핵융합 실험로가 바로 한국이 개발한 KSTAR(Korea Superconducting Tokamak Advanced Research : 차세대 초전도 핵융합 연구 장치)입니다. ITER는 한국의 KSTAR의 25배 규모로 건설되는 핵융합로입니다.

KSTAR는 토카막형 핵융합로입니다. 토카막이란 태양처럼 핵융합 반응이 일어나게 하기 위해 아주 높은 온도의 플라스마를, 자기장을 이용해 가두어 두는 핵융합 장치입니다. 1995년 12월 시작해 12년 만에 완공된 KSTAR는 핵심 부품인 중성자 빔 가열 장치 등을 순수 국내 기술로 제작하였습니다.

이로 인해 한국의 핵융합 기술의 우수성을 전 세계에서 인정받게 되었습니다.